U0249974

太湖水质目标管理
系统化开发与应用实践

许金朵　林晨　马荣华　等◎著

南京大学出版社

图书在版编目(CIP)数据

太湖水质目标管理系统化开发与应用实践 / 许金朵等著. -- 南京 : 南京大学出版社, 2018.7

ISBN 978-7-305-20428-9

Ⅰ. ①太… Ⅱ. ①许… Ⅲ. ①太湖—流域—水质管理—研究 Ⅳ. ①X524

中国版本图书馆 CIP 数据核字(2018)第 142474 号

出版发行 南京大学出版社
社　　址 南京市汉口路 22 号　　　邮编 210093
出 版 人 金鑫荣

书　　名 太湖水质目标管理系统化开发与应用实践
著　　者 许金朵 等
责任编辑 薛 艳 吴 汀

照　　排 南京理工大学资产经营有限公司
印　　刷 江苏凤凰数码印务有限公司
开　　本 787×960 1/16 印张 12.5 字数 178 千
版　　次 2018 年 7 月第 1 版　2018 年 7 月第 1 次印刷
ISBN 978-7-305-20428-9
定　　价 78.00 元

网　　址:http://www.njupco.com
官方微博:http://weibo.com/njupco
官方微信号:njupress
销售咨询热线:(025)83594756

序

进入"十三五"以来，在生态文明建设、"水十条"、"湖长制"等新时期政策背景的引领下，流域水环境的治理与保护越来越受到社会各界的广泛重视。

太湖流域作为长三角核心区域，经济发达、工业密集、城镇林立，是我国经济最发达的地区之一，正处于工业化和城市化高速发展时期。但是，社会经济的快速发展和土地利用转型的不断加速，也带来了一系列不容忽视的环境负面效应。目前，关于水体富营养化、水质恶化等问题的报道屡见不见，由其引发的农业生产、人类生产生活等衍生问题造成的损失更加令人痛心。太湖流域水环境的治理，已经不单单是简单的环境问题或者学术问题，已经成为社会各界与人民群众共同关注的民生问题。

虽然国家从"九五"开始就将太湖治理列入国家"三江三湖"重点治理计划，但是流域水污染恶化的总体趋势并没有得到根本上的遏制。其中最重要的原因就在于，湖泊水质目标管理与流域污染空间减排及管制的研究相对割裂，缺乏集成化、系统化的手段，无法既有效制定湖泊水质目标与环境容量，又在流域尺度有针对性地提出不同地表单元污染减排方案。由此可见，将系统化思维、创新型思维应用于太湖水环境治理与湖泊水质目标管理，是迫在眉睫需要操作并解决的问题。换言之，只有推进湖泊及其流域的集成化和系统化管理，才能从根本上为湖泊水环境的管控和治理提供可定量、可实践的科学依据。这种集成就包括了：(1) 地理单元的集成：湖泊水体与流域地表。(2) 数据的集成：涉及流域下垫面、水文气象、河道水质、湖泊营养盐、藻华、水生植被等多源异构数据，需要进行数据整编与规范化建库，形成一套标准的、可用的、共享的、开放的数据集。(3) 模型的集成：湖泊水质目标管理中涉及了包括流域土地利用变化、污染物载荷、河网污染物输移、污染物入湖、湖泊营养盐富集、藻类生长等环节在内的多个关键节点，每个节点都有一套复杂、周密的数学模型作为支撑。只有改变这些模型独立研发，彼此之间数据源不统一、难共享的瓶颈，才能真正将模型为管理所用。

在十二五中科院重点部署项目“太湖水质目标管理平台研发”课题的支撑下，中科院南京地理与湖泊研究所作为课题承担单位，整合相关的数据资源、模型资源和骨干人员，将丰富的但是略显零散的科研成果集成并应用于管理实践中。平台是国内首次将湖泊和流域作为整体研究视角，改变从流域污染物输移到对湖泊水质目标管理的常规做法，采用倒逼式反推思路，尝试实现从湖泊水质目标管理反推到流域污染物减排反算流程的水环境管理系统，并以水利部太湖流域管理局为应用对象，着力推进平台的应用与示范工作。因此，这不仅是一次学术研究上的创新，更是一次向管理推进应用的有益尝试。

课题组历时五载，平台终见雏形，其中的辛苦与汗水无须多言。在此，我们课题组将设计、研发历程中的关键理念和技术整理成册，为总结课题实施期间的得与失，为感谢所有为项目付出努力的人员，更为水环境治理和管理的明天！

本书以课题成果为主要内容，参考国内外相关研究进展，由参与课题的十余位专家精心编写而成。《太湖水质目标管理系统化开发与应用实践》包含6个篇章，分别为绪论，太湖水质目标管理平台需求分析、框架设计、实现、应用案例分析，总结与展望。本书在编写过程中获得项目首席、模型研发人员的大力支持，帮助厘清了太湖水质目标管理的系统化理念，梳理了各模型数据、功能需求以及计算流程和计算方法，在此，我们对各位领导、同事的努力和支持，对现有指导、评议本课题的各位师长、领导、同仁、同学表示衷心感谢！此外，特别感谢用户单位太湖流域水资源保护局，在平台开发的过程中，从管理应用的角度对平台业务功能给出良好建议和悉心指导，使平台实用性有了质的飞跃；感谢太湖流域管理局水文局(信息中心)为平台提供了支撑数据以及部署运行环境。

感谢国家地球系统科学数据共享服务平台湖泊—流域科学数据中心(http://lake.geodata.cn)为本书提供各类基础数据支撑以及数据加工建库服务。感谢江苏省遥感与地理信息系统学会提供的技术支持。

本书所用的许多资料属于首次发表，作者水平有限，书中难免疏漏，恳请各位读者批评指正，以求再版时改正。

著者

2018年3月于南京

目　录

1　绪　论

流域水环境管理是目前中国环境管理面临的难题之一，也是影响社会经济与环境协调发展的重要因素之一。目前我国流域水环境管理存在的问题主要表现在水环境保护目标、水环境管理模式和水污染控制技术三个方面。具体来说，我国目前的流域水环境保护目标尚未考虑生态系统对水质水量的需求；水环境管理模式尚未实现水陆一体化的流域综合管理；水污染控制技术尚未建立污染物排放与环境目标管理之间的联系。可以说，传统的水环境管理思路已经无法满足目前我国水环境管理的现实需求，无论是在水环境保护目标上，还是在水环境管理模式上，抑或是水污染控制技术上，我国的水环境管理工作都需要进一步的开拓与创新。

作为我国经济最发达、人口最密集、城市化程度最高的地区之一，太湖流域在高强度的经济开发和滞后的水质目标管理双重压力下，水环境污染与生态恶化问题日益严重，严重制约了当地经济的可持续发展。虽然国家对太湖流域的水污染问题十分重视，将太湖治理列入国家“三江三湖”重点治理计划，先后实施了太湖水污染防治“九五”计划和“十五”计划，并经国务院批复实施太湖流域综合规划(2012—2030年)，但是我国现行的总量控制制度在太湖流域的使用实践表明，依然存在着污染控制与目标保护相脱节、排放达标控制与环境质量达标相脱节、行政区为基础的环境功能区划分与流域水污染调控相脱节等多种问题。

不难看出，作为我国水环境污染、水生态退化最严重的地区之一，太湖流域的水环境管理工作更急迫地需要改革与创新，更迫切地需要实现水质目标管理、水环境管理模式和水污染控制技术的三个转变。只有将水质目标管理由水环境质量改善转变为水生态系统健康，将水环境管理模式由行政区管理转变为流域综合管理，将水污染控制技术由目标总量控制转变为容量总量控制，太湖流域的水环境管理工作才能真正服务于流域的水环境管理需求，太湖流域的水环境问题才能真正得到解决。

因此，太湖水质目标管理平台进行不同水情下流域河湖污染排放的时空追溯与污染物减排方案制订，通过与流域污染源分区分类核算及排放入河成果的比较，开展平台实用性检验，为用户提供太湖水质目标管理软件平台，提升太湖流域水环境管理科学决策能力。

1.1 太湖水质目标管理存在的问题

(1) 流域功能区、水质目标设定缺乏科学支撑，区域、流域减排目标和太湖水质保护目标割裂，太湖整体水质目标难以实现

目前，水利部门将太湖流域划分为 380 个水功能区，含 14 个保护区，76 个缓冲区，6 个保留区，42 个饮用水源区，77 个以工业用水为主导功能的水功能区，51 个以农业用水为主导功能的水功能区，10 个以渔业用水为主导功能的水功能区，74 个以景观娱乐用水为主导功能的水功能区，30 个过渡区。功能区划分对水体使用功能关注较多，而对水体生态系统的服务功能及其可持续性与相容性关注则较少，未考虑太湖水文特征和生态系统结构及其可持续特性。

在水体功能区水质目标确定方面仅强调了水体的使用功能，忽视了水体自然属性、生态系统结构以及服务功能对水质及使用功能的影响。目前，太湖仅被设为两种目标水质，一为Ⅲ类，二为Ⅱ或Ⅲ类。湖西区、竺山湖、湖心区目标水质定得过严，使得这些水域的水质目标难以实现，不利于上游地区的污染减排；相反，湖东滨岸区、贡湖目标水质定得过松，意味着苏州市等可以向太湖大量排污，很难起到促进污染减排的作用。这样反而造成太湖整体水质目标难以实现。就太湖水质保护而言，目前目标水质制定缺乏合理性、科学性和可操作性。

(2) 出入湖河道污染通量科学监测体系缺乏，不同部门入湖污染物通量监测结果迥异，实施入湖污染负荷控制依据不足

太湖处于长江三角洲平原水网地区，其流域内河网纵横密布，进出太湖河道众多，目前太湖有出入湖河流(溇港)228条，其中口门敞开的河道有62条。受太湖风涌水、沿江和沿海潮汐顶托、流域降雨空间非均匀性影响，进出太湖河流流量极不稳定，流向不定。因太湖水质优于河道，湖泊内水体污染物氮、磷、COD_{Mn}等含量低于流域河网水体，进出太湖河流水体中污染物含量易变不稳定。因此，要获得河道出入太湖的污染物通量，需要对每条河道进行流量和入湖污染物浓度高强度、高分辨率的观测，以捕捉不定的河道流向和河道污染物浓度快速变化。鉴于河道的数量较多，监测工作量巨大，需要大量的人力和财力，更需要不同部门的高度协作和配合。但是，由于我国不同部门之间的条块分割和利益的差异，水文和环保等部门都在进行河道流量和污染物浓度监测。由于部门的经费和人力的限制，各部门的监测均选择各自认为具有代表性的河道断面、时段进行，流量和污染物浓度监测匹配性存在较大问题，如水文部门环绕太湖设置了一条巡测线，将整个环太湖进出河道划分为10个巡测段和13个单站进行进出湖水量监测，其中单站和巡测段基点站每天监测1～2次，巡测段其他河道一年仅开展11～28次数量不等的监测，而在水质监测方面仅对27条河道进行每月一次调查，不但调查河道不一致，频次也存在较大的差异。因此，各部门进出湖污染物通量仅能根据这些水量和水质不匹配监测数据计算，得到的入湖污染物通量势必存在较大的差异，不但造成太湖净化污染物能力准确计算困难，无法获得太湖可消纳污染物量，更无法确定流域污染治理到底需要削减多少入湖污染物量。

另外，目前湖泊水质监测指标与流域河网监测指标不衔接，如水利部门在湖泊内进行了溶解性总磷及叶绿素a等指标监测，而流域河网断面却无相应指标的监测，尤其是部分断面和测站在部分时段内硝酸盐氮、亚硝酸盐氮等指标出现缺测，给河湖污染物通量核算带来不便，特别是河道水体叶绿素a的缺测导致无法核算太湖水体藻类收支平衡状况，给太湖水质目标确定带来困难。

(3) 现行“总量控制”和“达标排放”的水环境管理办法与水质目标脱节，总

量控制目标与水质改善不挂钩，达标排放与水环境质量标准不衔接。

目前我国污染防治虽然实施了总量控制，但却是目标总量控制，也即实施的是在现有排污总量的基础上削减一定比例的污染物总量。各年度污染物总量削减的比例由决策者根据经济承受和可用财力确定。比例大小受财力宽裕程度、决策者对环境重视程度，以及居民关注程度的影响，污染物削减具有运动式特色，污染物总量控制随意性较大，削减总量几乎和湖泊环境水质超标率、污染种类、超标程度无关。另外，我国实施的"达标排放"管理强调排放废水中污染物含量是否达到排放浓度，针对的是污染源，对于排放的水量不予关注。不管水量多少，只要排放废水中污染物浓度小于排放浓度，均能排放，这样会造成污染物排放总量很大。由于不论按废水处理一级A还是一级B标准控制尾水的排放，尾水中污染物浓度均远高于地表Ⅲ类水标准和受纳水体物质浓度，因此就流域河湖而言，达标排放废水依然是重要的污染源。达标排放尾水量越大，排入环境中的污染物总量就越大，当排放量超过环境可消纳去除量时，对环境的危害也就越大。具体到太湖，在其集水域内排放出尾水中的污染物不能被河网去除而残留进入太湖后，对太湖水质产生严重损害。这也是太湖流域目前投入了大量经费，达标排放率不断提高，而太湖藻类水华未得到有效控制的重要原因。

湖泊与流域是一个自然与社会密切相关的复杂的动态变化系统，湖泊生态环境退化与流域之间存在不可分割的联系，湖泊型流域水质目标管理应该将湖泊及其流域系统作为整体，深入研究湖泊流域系统污染物输送变化的水环境及水生态响应过程。目前我国水污染控制与水环境管理一直缺乏科学确定水质目标、核算湖泊环境容量、解析污染物入湖通量及来源区域、合理核定污染物的排放来源和减量的系统综合研究，"太湖水质目标系统化管理"研究强化湖泊流域系统的整体性研究，采用湖泊—流域倒逼式的技术管理体系，具有重要的科学意义。

1.2 流域水质目标管理系统现状

因水质、水生态系统结构、气象条件、流域社会经济和土地覆盖、周边水系状况处于不断变化之中，要得到目标水质浓度标准、水环境容量、入湖河道容许负荷量及污染物削减量，需要一个可高速进行信息和数据组织、模型计算、结果分析及快速可视化水环境污染物控制平台。通过平台运行与业务化应用，及时将污染削减方案与控制对策传达水污染控制管理部门、地方政府和污染治理单元。美国1972年《清洁水法》虽提出对受损水体实施最大日负荷量管理计划（TMDL）以保护水质，但直到20世纪90年代，TMDL计划才受到美国环保局高度关注。在TMDL推动下，美国逐渐形成了包括水环境容量计算与负荷估算，水文、水质模拟与污染控制决策，流域污染物削减分配等系列技术，建立了流域环境容量与负荷估算的基础地理数据库和水质目标管理的基础数据平台。

随着信息技术的不断发展以及对水环境管理工作的日趋重视，我国的水环境信息建设取得了积极进展，各地相继建立起一些地方水环境信息共享平台，如黄河水利委员会主持建立的“黄河水环境信息管理系统”，江苏省建立的“太湖流域水环境信息共享平台”（何春银，2009）。通过这些平台对水环境进行分析、评价和预测，为管理部门提供辅助决策支持，提升了我国流域水环境的科学管理水平。但这些平台定制化严重，架构耦合度不高，扩展性低，信息同步较困难，无法及时有效地获取流域各部门最新的水环境信息。马红旺等提出了基于Geoportal的流域水环境信息共享平台构建技术方法，采用ESRI公司的ArcGIS Server的Geoportal组件，实现多格式数据类型协议的封装，提供多站点注册、联邦式查询和元数据自动收割机制，实现多源异构数据的有效集成与资源共享。但是该平台数据信息的共享依赖网络性能，服务响应的快慢和资源的可获得性受带宽的影响较大。

2002年杭州市环保局开发了总量控制的决策支持系统。该系统将总量控制管理中涉及的各类信息数字化，并以杭州市污染源管理系统的基础数据库为基础,通过信息资源分析评估模型构建,拥有了数据处理与分析功能。该系统的实施建立了统一、坚实的综合管理决策的基础平台,提高了污染控制的管理水平,规范了管理机制,但缺乏不同业务数据之间的互通共享。河海大学耿庆斋等(2003)、庄巍等(2007)先后建立了江苏省水环境容量决策支持系统、杭州市水环境容量决策支持系统、江苏省纳污能力决策支持系统,将水环境数学模型与水环境容量、纳污能力管理融为一体,为流域、区域的水环境管理决策提供了良好的技术支持。左一鸣等(2006)研发了基于 COM 技术的水环境信息系统,该系统得到了太湖流域管理局采纳应用,可供本项目平台的研制技术路线的制定参考。郭丕斌等(2006)以汾河治理为例,采用 WebGIS 与数据库技术,通过对用户分级权限控制,把水流量预测、河流水污染物容量计算、水污染物削减量计算等数学模型和决策者决策过程、被管理者的计划及执行过程进行了系统集成。GIS 的叠加分析、缓冲区分析等空间分析功能为水环境水污染控制提供了有效工具。蓝万家等曾把 GIS 用于长江流域武汉段的水环境评价,利用 ARC/INFO 建立了污染源评价模块,水质质量评价模块。唐迎洲等(2006)基于 MapInfo Professional 软件,集成 WASP5 环境模型,对浙江颜公河流域进行水污染控制规划,并建立了适用于该流域的知识库系统。GIS 可实现地理对象直观便捷的数字表达和分析,孙启宏等(1997)利用 GIS 的动态分段技术实现了河流一维水质扩散模拟和空间显示分析。可见,结合 GIS 与数据库管理功能,利用插件或 COM 组件技术,融合数据传输与共享、多模型数值模拟、水环境污染物控制决策分析多功能于一体的综合管理决策支持平台是未来水环境平台建设发展方向。

目前,国外也把 GIS 广泛应用于水环境领域包括区域水环境管理、水环境管理平台等。利用 COM/DCOM 技术,Potter 等(2000)实现了森林生态系统管理决策支持系统的空间数据共享和互操作。通过 Arc/Info 与流域水质、水量等模型的有机结合,爱尔兰国立大学都柏林学院水资源研究中心研究开发的流域水管理决策支持系统(DSS-CWM)提供了查询、分析和预测流域内各主要河段的水质、水量状况的功能。David and Darren(2000)将 AGNPS、GRASS 及 GRASS Water Works 集成在一起,计算模拟了美国密歇根州 Cass 河的水质变化规律，并以地图形式输出结果。Fayer 等(2001)在研究美国华盛顿东南部的 Hanford 废弃物填埋场过程中，通过用 GIS 确定填埋场影响范围和不同的土壤类型的分析，得到了进入地下水中的污染物质量，从而为垃圾渗滤液的管理提供了依据。Kim 等(1993)利用 GIS 和土地利用类型的分配，对城市面源污染进行了分析和评价，为控制措施的选择提供决策依据。从另一角度看，决策支持系统(Decision Support System，简称 DSS)作为辅助决策者通过数据、模型和知识，以人机交互方式进行半结构化或非结构化决策的计算机应用系统，是管理信息系统(MIS)向更高一级发展而产生的先进信息管理系统。自从 20 世纪 70 年代决策支持系统概念被提出以来，已经得到很大的发展。Barlow 等(2000)学者把人工智能和模式识别技术用于溢油事故过程的模拟和风险评估，美国国家大气释放咨询中心(National Atmospheric Release Advisory Center，NARAC)则建立了大气环境预测预警的技术平台并提供广泛的服务。林卫青等(2003)建立平原感潮河网地区的水环境管理决策支持系统，在 DSS 信息查询模块中，增加了水体功能区划显示、水体污染状况的评价和分析、各河段动态水环境容量的计算和显示以及排污削减量的计算等重要功能。这类决策支持系统，不具有通用性，针对太湖污染削减方案制订、控制对策传达的水环境管理平台，需采用 GSM 网和广泛可靠的 PSTN 公用网络作通信报汛的主、备通信信道，达到会商、决策、传达等目的。

随着系统平台规模的越来越大，大数据成为目前系统建设面临的难题。大数据是指数据量达到 TB、PB 甚至 EB 级别且复杂的数据集，此时传统数据库管理工具处理起来面临很多问题，比如说获取、存储、检索、共享、分析和可视化。大数据具有如下特点：(1) 大数据量(Volume)，数据量是持续快速增加的；(2) 高速度(Velocity)的数据 I/O；(3) 多样化(Variety)数据类型和来源。大数据引发了一些问题，如对数据库高并发读写要求、对海量数据的高效率存储和访问需求、对数据库高可扩展性和高可用性的需求，传统 SQL 主要性能没有用武之地，目前业界对于 NoSQL 数据模式应用研究非常普遍。支撑大数据以及云计算的底层原则是一样的，即规模化、自动化、资源配置、自愈性。通过关系型数据库对大规模数据进行操作会造成系统性能严重下降，当数据集和索引变大时，传统关系型数据库如 Oracle、Sybase 在对大规模数据进行操作会造成系统性能严重下降，因为在处理数据时 SQL 请求会占用大量的 CPU 周期，并且会导致大量的磁盘读写，性能会变得让人无法忍受。另外，对于包括空间数据的情况，还需要进一步考虑空间数据在传统型关系数据库中的存储管理和调度问题，在平台模型的计算上需要对此进行充分考虑。

云存储、云计算技术能够在相对低廉投入的前提下，在不需要过多关注云平台本身的同时，为用户提供大数据量的存储和计算能力。当前云技术的发展主要集中在虚拟化和并行计算等技术。虚拟化技术的核心就是将一台物理设备切分成若干个小片段，用户可以认为自己就是一台逻辑上的物理设备，包括 CPU、存储和内存等。虚拟化充分利用了物理设备的计算和存储资源，提高了数据的运算速度，大大降低了管理的复杂度，提高了运营效率，同时也有效地控制了成本。与虚拟化技术一样，分布式计算存在的历史悠久，包括网格计算、集

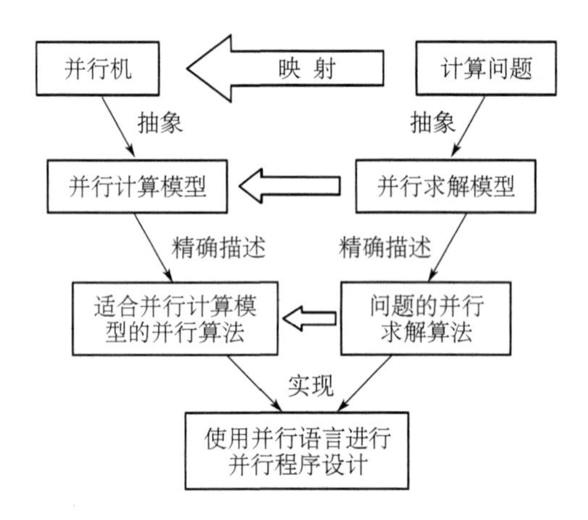

图 1-1　计算问题的并行求解过程

群、并行文件系统、分布式数据库等。并行计算(Parallel Computing)是指同时使用多种计算资源解决计算问题的过程。为执行并行计算，计算资源应包括一台配有多处理机(并行处理)的计算机、一个与网络相连的计算机专有编号，或者两者结合使用。一个计算问题并行求解的最终目的是将该问题映射到并行机上，这一物理上的映射是通过不同层次上的抽象映射来实现的(都志辉等，

2001)，过程如图 1-1。

并行代码有两种基本的开发模式：一种是在已有的串行代码基础上通过嵌入指令语句将部分计算并行化。这种开发模式速度快，但主要用于共享存储器的并行计算系统，可移植性不强，并且并行效率不高。另一种模式是重新设计并行算法，工作难度增大，但获得的效率提升却是可观的，可移植性强。划分法是重新设计并行算法的一类最重要方式，也是设计并行算法最自然朴素的方法，即将一个计算任务分解成若干个规模大致相等的子任务而并行求解之。从求解问题的方法学和求解策略出发可以采用分而治之的策略(陈国良，1994)，该策略将一个大的问题分解成 p 个大致相等的子问题，然后在每个处理器上对相应的子问题求解，最后将各处理器得到的部分解合并起来，就得到了原问题的解。目前，分而治之技术是设计并行算法的重要途径。这种技术又分为两种类型：一种是功能划分，另一种是数据划分。功能划分就是将问题需要求解的步骤分段，每一个子功能用一台处理机来实现，它要求各子功能间的依赖关系较小；数据划分就是将问题需要处理的数据进行分解，每台处理机执行相同的程序，但是各自只处理属于自己的分解区域内的数据。并行程序的设计过程可以划分为 4 步，即任务划分(Partitioning)、通信分析(Communication)、任务组合(Agglomeration)和处理器映射(Mapping)，简称为 PCAM 设计过程(Foster，1995)，它是一种设计方法学，也是实际设计并行算法的自然过程(Dongarraet al.，2005)。前两个阶段关注问题的并发性和可扩放性，后两个阶段着重优化通信成本和全局执行时间。虽然上述设计过程是一步一步进行的，在实际设计过程中可以同时一并考虑。同样，为了设计出高效的并行算法，这个过程的回溯反复也在所难免。并行算法设计好之后需要一定的标准来进行评价，串行算法设计通常使用时间/空间复杂度来进行度量，并行算法的评价标准要比串行算法更复杂(陈国良，1994)。并行算法与串行算法一样也具有时间复杂度的概念，不同的是并行算法的时间复杂度的参数更加复杂，主要包括：① 算法运行时间 $t(n)$，即算法开始执行到结束所需要的时间。② 处理器个数 $p(n)$，处理器数为参与并行运算的处理器个数。③ 并行成本$c(n)$：算法运行时间与处理器个数的乘积，$c(n)=t(n)\times p(n)$。另外，评价并行算法性能的标准还包括加速比(Sp)和并行效率(Ep)。

$$Sp(n) = ts(n)/tp(n) \tag{1-1}$$

其中 $ts(n)$为求解问题的最快串行算法在最坏情形下所需要的运行时间,$tp(n)$为求解同一问题的并行算法在最坏情形下的运行时间。加速比反映了算法的并行性对运行时间的改进程度,是并行算法最重要的评价指标。

$$Ep(n) = Sp(n)/p(n) \tag{1-2}$$

并行效率反映的是并行算法中处理器的利用程度,为算法加速比除以处理器个数所得到的值。可扩展性(Scalability)也是评价并行算法的重要性能指标之一(陈国良,1994)。其含义是在确定的应用背景下,算法的性能能否随着处理器的增加而按比例提高。

水动力模型的并行计算起源于 20 世纪 90 年代,在国际上 Kashiyama(1995,1996,1997)等人首次在无结构网格上讨论了大规模风暴潮和潮流的并行有限元方法,并采用并行有限元方法模拟了东京湾 1959 年的涌浪。Howington 等(1999)开发了地下水与地表水相互作用联合并行模型。Cecchi 和 Pirozzi(2002)等使用有限元方法对包含非线性生物调节反应等多种生物物理化学反应的地下水流动及输移系统进行了并行计算。国内水动力模型并行计算起步稍晚,但有越来越多的学者开始进行这方面的研究,江春波等(2002)设计了二维浅水流动的有限元并行数值模拟,引进了一种基于图论的区域分解算法,同时提出了一种针对并行计算的网格重新编号算法。余欣等(2005)基于 MPI 的消息传递实现了黄河下游二维水沙数学模型的并行编程。崔占峰和张小峰(2006)通过网络计算机群,采用信息传递接口(MPI)为通信库,建立了分蓄洪区洪水演进计算的并行数值模拟方法。王建军和张明进(2009)同样基于 MPI 对河道二维水沙数学模型并行计算技术进行研究。宋刚等(2008)则利用共享存储编程的工业标准 OpenMP 对有限元方法涉及的单元计算子程序进行了并行化实现。左一鸣和崔广柏 (2009)建立了二维水动力并行模型,针对 MPI 不能实现进程迁移现状,自主开发了并行通信平台,平台机群负载平衡采用基于蚁群算法的人工智能算法,并根据模型需要制定了相关通信协议对长江内江段进行数值模拟。李提来等(2010)OpenMP 技术对二维水动力数学模型进行了并行优化试验。

系统运行涉及多个模型时,模型集成的误差需要特别关注。模型集成误差的解析式十分复杂,但当模型集成图是一个有向无环图时,模型集成误差的计算过程包括(王加阳等,2006):(1) 对模型集成图进行拓扑排序,(2) 对排序后的节点所指模型依次计算输入变量的值、输入变量所传递的误差、该节点向后传递的误差,将输出值向后传递,其中,某一个节点向后传递的误差 λ 表示为

$$\lambda = \frac{f(x'_1, x'_2, \cdots, x'_n)(e+1)}{f(x'_1, x'_2, \cdots, x'_n) + \sum_{k=1}^{n} \frac{\partial f}{\partial x_k}\bigg|_{x_k = x'_k} \frac{\lambda_k - x'_k}{1+\lambda_k}} - 1 \tag{1-3}$$

式中,f 是模型,输入变量 $x_1, x_2, \cdots, x_n$,变量的值分别是 $x'_1, x'_2, \cdots, x'_n$,对应的真值为 $y_1, y_2, \cdots, y_n, \lambda_k = \frac{x'_k - y_k}{y_k}$,其中 $1 \leqslant k \leqslant n$,某一个节点模型的误差为 e。

针对多个模型集成误差的控制,国内外在工程领域研究较多。最典型的是 PID (proportional-integral-derivative)误差控制算法。它通过设计反馈控制规律使受控性能指标的输出渐近跟踪期望值,或使输出渐近消除扰动的影响,使跟踪误差渐近趋于零。因此,误差反馈及其控制是模型输出调节的主要理论和方法。滕宇等(2007)得出了模型输出与要调节的向量相一致的矩阵二阶系统误差反馈调节问题的可解性;Chen et al. (2000)利用连续分段线性有限元分析了自适应误差控制;Ludwig and Speiser (2007)利用偏微分代数得出自适应误差控制算法。Kawato 等人提出电动机神经网络控制的反馈误差学习(FEL)算法,Miyamura 和 Kimura 建立了 FEL 的自适应控制结构并在严格证实性的基础上证明了它的稳定性(Muramatsu et al., 2004)。Nakanishi and Schaal (2004)从理论上研究了 FEL 的自适应控制,讨论了 FEL 与非线性自适应控制的关系及其 Lyapunov 稳定性。Liuzzo et al. (2007)提出线性不确定系统的输出误差反馈跟踪控制,通过傅立叶级数展开输入参考信号的不确定周期,辨识它的傅立叶系数来学习输入参考信号,设计了线性系统输出误差反馈自适应学

习控制。Ruan et al. (2007)提出了基于 FEL 的在线自适应控制器，它由常规反馈控制器（CFC)和神经网络前馈控制器(NNFC)组成，实现了学习与控制上的结合。邵诚等(1994)提出带有模型误差反馈的自校正控制算法，能保证闭环系统是鲁棒稳定的，而且平均跟随误差趋于零。多变量驱动误差反馈同步方法具有不需分解系统、不需计算响应系统的条件 LyaPunov 指数和同步收敛快的特点(孙克辉等，2005)。基于误差反馈控制能提高过程控制精度，提高控制系统的抗干扰性和调节的快速性。

1.3 太湖水质目标管理系统化管理理念

面向水质目标管理的应用需求，以太湖流域河湖复合系统污染物迁移转化过程模型化为研究重点，以湖泊使用功能可持续为基础，入湖河口断面污染物通量以及允许污染负荷为纽带，水体运动路线为主轴，采用方向递推方法，逐个建立各子模型，研发太湖水质目标管理系统。将入湖污染通量与湖泊水质衔接起来，在太湖流域实现分区水质目标科学界定、水环境容量合理估算、通量管理规范化；在全流域范围内结合污染物排放分类核算，实现污染物的空间来源的解析和污染来源类别的判断；在宜溧河典型流域以减排方案和措施指定为重点，实现平台的应用与验证。

2 太湖水质目标管理平台需求分析

需求分析是软件开发的出发点，对软件平台研发至关重要。太湖水质目标管理平台按照软件工程研发标准规范，切实围绕业务单位用户需求开展，从平台需要集成的数据需求、模型需求、功能需求、用户功能需求和平台的性能及安全需求几个方面进行平台的需求分析。

2.1 数据需求

太湖水质目标管理平台数据需求围绕平台功能实现所需的数据、模型运行所需的前后台数据开展数据需求调研。

2.1.1 基础数据

基础数据包含太湖网格划分、太湖水深数据、湖泊气象、湖泊水质、流域社会经济数据、点源与面源污染数据。

太湖网格划分：将太湖按照 1 千米×1 千米空间尺度进行网格划分，分为 69×69 个网格单元；

太湖水深数据：包含太湖每个网格上的水深；

湖泊气象数据：包含湖泊气象站点的蒸发、太阳辐射、降雨、气温、风速、风向、气压、相对湿度等信息；

湖泊水质数据：包含湖泊水质监测站点的溶解氧、氢离子浓度、碱度、硅酸盐、磷酸盐、亚硝酸盐氮、硝酸盐氮、氨态氮、硫酸盐、溶解总有机碳、化学需氧量、生化需氧量、总磷、总氮、钾离子、钠离子、钙离子、镁离子、氯化物、总硬度、水温、水色、电导率、水下辐射、总有机碳、悬浮质等信息;

流域社会经济数据:包含江苏、浙江、上海流域内各省市县的人口、GDP、第一产业生产总值、第二产业生产总值、第三产业生产总值、农业种植面积等;

点源污染数据:包含流域内市县工业污染、城镇污染、畜禽养殖等点源污染氨氮、总氮、总磷、COD 污染负荷量;

面源污染数据:包含流域内市县农村、建设用地、种植业与林地的氨氮、总氮、总磷、COD 污染负荷量。

2.1.2 空间数据

流域空间数据包括太湖流域行政区划数据(省市县)、太湖流域边界数据、太湖流域 DEM、概化河网数据、概化河段数据、流域湖泊数据、太湖分区数据、太湖环湖河道数据、太湖入湖口数据、太湖格网数据、太湖水功能区一二级分区数据(线/面)、湖底地形数据、土地利用数据、太湖湖体和流域的水质水文气象监测点数据、入河排污口、闸门和污水处理厂数据。

表 2-1 空间数据表

序号	数据集名称	数据内容	数据字段	比例尺	坐标系统	数据格式	几何类型
1	太湖流域行政区划数据	太湖流域省市县	行政区划名称、代码、所属省份、所属市	25 万	WGS84 地理坐标系	矢量 shp	面状
2	太湖流域边界数据	流域界限	名称、代码、长度、面积	25 万	WGS84 地理坐标系	矢量 shp	面状
3	太湖流域 DEM	高程		25 万	WGS84 地理坐标系	栅格	面状
4	流域湖泊数据	流域湖泊分布	湖泊名称、湖泊代码、湖泊经纬度、湖泊面积、湖泊所属流域、湖泊所属省份	25 万	WGS84 地理坐标系	矢量 shp	面状

（续表）

序号	数据集名称	数据内容	数据字段	比例尺	坐标系统	数据格式	几何类型
5	太湖分区数据	太湖分区情况	分区名称、分区代码、分区周长、分区面积	25万	WGS84地理坐标系	矢量shp	面状
6	水功能区一级分区（面）	水功能区一级分区	水功能区名称、编号	25万	WGS84地理坐标系	矢量shp	面状
7	水功能区二级分区（面）	水功能区二级分区	水功能区名称、编号	25万	WGS84地理坐标系	矢量shp	面状
8	太湖湖底地形	太湖湖底地形		25万	WGS84地理坐标系	栅格	面状
9	流域土地利用数据	太湖流域2010年土地利用	分类名称、分类编码	25万	WGS84地理坐标系	矢量shp	面状
10	水功能区一级分区（线）	水功能区一级分区	水功能区名称、编号	25万	WGS84地理坐标系	矢量shp	线状
11	水功能区二级分区（线）	水功能区二级分区	水功能区名称、编号	25万	WGS84地理坐标系	矢量shp	线状
12	概化河网数据	太湖流域概化河网	河流名称、代码、长度	25万	WGS84地理坐标系	矢量shp	线状
13	概化河段数据	太湖流域概化河段	所属河流名称、所属河流代码、河段编码、河段首节点、河段末节点、河段首断面、河段末断面、所属分区、河段长度、河段糙率、河底高程、河段底宽、河段边坡、河段调蓄水面宽等信息	25万	WGS84地理坐标系	矢量shp	线状
14	太湖网格数据	太湖网格数据	格网点行列号	25万	WGS84地理坐标系	矢量shp	线状

（续表）

序号	数据集名称	数据内容	数据字段	比例尺	坐标系统	数据格式	几何类型
15	太湖环湖河道数据	太湖环湖河道	河道名称、河道编号、河道对应的格网行列号、河道对应的太湖分区号	25 万	WGS84 地理坐标系	矢量 shp	线状
16	太湖入湖口数据	环湖河道入湖口	入湖口编号、入湖口对应格网行列号	25 万	WGS84 地理坐标系	矢量 shp	点状
17	太湖湖体气象站	湖体气象站	气象站名称、编号、所属省份、站点经纬度	25 万	WGS84 地理坐标系	矢量 shp	点状
18	太湖水质监测站点	太湖水质监测站	站点名称、编号、所属湖区编号、经纬度	25 万	WGS84 地理坐标系	矢量 shp	点状
19	流域气象站	流域气象站点	气象站名称、编号、所属省份、站点经纬度	25 万	WGS84 地理坐标系	矢量 shp	点状
20	流域水质站	流域水质监测站	流域名称、水系、河流名称、所属行政区划、所属水功能区、站点名称、编号、位置、经纬度	25 万	WGS84 地理坐标系	矢量 shp	点状
21	流域水文站	流域水文监测站	测站名称、测站编号、所属流域、水系、所属河流、所属行政区划、经纬度	25 万	WGS84 地理坐标系	矢量 shp	点状
22	沿江沿海潮位站	潮位站	站点名称、编号、所属行政区划、经纬度	25 万	WGS84 地理坐标系	矢量 shp	点状
23	入河排污口	入河排污口	行政区划、排污口名称、排污口编码、经纬度、入河湖排污方式、主要排污单位名称	25 万	WGS84 地理坐标系	矢量 shp	点状
24	闸门	流域闸门	闸门名称、编号、所属流域、水系、所属河流、经纬度	25 万	WGS84 地理坐标系	矢量 shp	点状
25	污水处理厂	污水处理厂分布	污水处理厂名称、位置、处理工艺、处理能力、出水标准等信息	25 万	WGS84 地理坐标系	矢量 shp	点状

2.1.3 业务数据

包含流域内水文、气象、水质、流量、水位、蒸发、降雨、潮位、引排水量等业务相关数据。

流域水文数据：包含流域内水文站点的日均水位、流量数据；

流域气象数据：包含流域内蒸发站、雨量站的日均蒸发、降雨数据；

流域水质数据：包含流域内水质监测站点的水温、溶解氧、氨氮、硝态氮、总氮、总磷、COD、悬浮物等监测指标数据；

潮位数据：包含流域内沿江潮位数据；

引排水量：包含闸门的引排水量信息。

2.1.4 情景数据

考虑到业务实测数据的缺失，采用历史水文、气象构建情景数据，包括太湖水位、太湖风速、太湖风向、太湖环湖出入湖流量等情景数据。

太湖水位情景：太湖 12 个月份的多年最大、最小、平均的均值，以及相应保证率（分为 2%～85%等 11 个等级）对应的水位；

太湖风速情景：太湖 12 个月份逐月的风速均值；

太湖风向情景：太湖 12 个月份逐月的风向值；

太湖环湖出入湖流量情景：太湖 63 条环湖河道 12 个月份的多年最大、最小、平均年均流量，以及相应保证率（分为 2%～85%等 11 个等级）对应的流量。

2.2 平台模型需求

太湖水质目标管理需要六大模型的耦合计算方能实现，具体包括：太湖藻类和水生植物对水质变化响应与水质目标模型、太湖生态系统净化污染物能力与目标水质环境容量模型、入湖污染物输移扩散过程与环境容量入湖河道分配模型、太湖流域平原区河网污染物质输移模型、入河污染排放通量追溯模型、污染通量削减空间分配优化模型。首先需对每个模型进行调研，弄清楚每个模型的功能，进而理清每个模型的数据需求。

2.2.1 模型功能需求

2.2.1.1 太湖藻类和水生植物对水质变化响应与水质目标模型

太湖藻类和水生植物对水质变化响应与水质目标模型(以下简称“模型一”),针对藻类水华与水质的关系,分析太湖不同时期水质和藻类水华暴发规模、频率特征,开展不同时空尺度的受控试验,进行藻类、水生植物等种群与群落对污染物含量变化的响应过程与特征研究,分析浮游植物和水生植物内禀增长率、呼吸速率、吸收氮磷速率、半饱和常数等参数与植物体尺寸、叶面积指数等关系,以及植物体尺寸、叶面积指数等与水质关系,创建太湖生态系统响应水质变化的结构动力学模型,进行模型的校验和验证。开展不同污染物浓度情景下藻类水华和沉水植物群落变化数值试验,确定太湖不同阶段分区水质目标。

2.2.1.2 太湖生态系统净化污染物能力与目标水质环境容量模型

太湖生态系统净化污染物能力与目标水质环境容量模型(以下简称“模型二”),进行不同湖区季节盛行风作用下太湖水文条件、污染物大气沉降通量和底泥污染释放,以及生物群落吸收转化污染物等特征的调查和监测,综合分析太湖不同类型生态区在不同水文条件下污染物的收支、转化与滞留特征,研究污染物收支、转化和滞留等在不同水文条件下与生态系统结构、目标水质的关系,构建太湖分区水质目标容量模型,建立各区各月在各水质目标下水环境容量的计算方法,确定太湖各分区分期水质目标条件下的水环境容量。

2.2.1.3 入湖污染物输移扩散过程与环境容量入湖河道分配模型

入湖污染物输移扩散过程与环境容量入湖河道分配模型(以下简称“模型三”),基于GPS定位、拉格朗日水质点运动追踪技术,开展太湖入湖河水与污染物输移扩散混合试验,研究主要入湖河道水体和污染物在湖面风场以及吞吐流作用下的运动、混合、沉降、降解特征,确定入湖污染物在风生流和吞吐流作用下的降解、弥散、沉降速率,修正完善太湖入湖污染物输移对流扩散衰减模型,揭示不同流量与污染负荷条件下污染物由河道入湖后的输移扩散降解过程和在太湖中滞留与分布特征,确定不同水情条件下各分区中外来污染物的来源河道及其贡献，建立计算主要入湖河道允许入湖通量与河道入湖污染物控制浓度模型。

2.2.1.4　太湖流域平原区河网污染物质输移模型

太湖流域平原区河网污染物质输移模型（以下简称“模型四”），根据太湖流域平原河网区水质过程模拟的要求，有针对性地研究太湖流域平原河网区污染物在水体中的生物地球化学循环过程与其影响因素，确定污染物降解、滞留和转化系数，获取具有不同生态类型和服务功能的典型河网及湖荡中碳、氮、磷循环主要过程的关键参数及其可能的取值范围。构建河网污染物质输移模块，基于典型河网及湖荡污染物质迁移转化规律研究成果，优化模型结构，完善太湖河网水量水质耦合模型，基于典型年观测数据率定并验证模型，并实现河网各河段逐月污染物自净系数的空间插值。实现与太湖水质目标管理平台的对接运行。

2.2.1.5　入河污染排放通量追溯模型

入河污染排放通量追溯模型（以下简称“模型五”），针对太湖流域河道纵横交错，社会经济发展及水文过程存在显著空间差异，流域向河湖排放污染物点线众多且过程复杂，污染排放空间分布情景设计困难等问题，围绕污染入湖通量的空间排放追溯，根据太湖流域水文水动力及污染分布特征，结合水利分区及行政区划确定监控太湖全流域河网污染物排放的断面布设方案及监控分区。开展流域代表性断面污染物通量的大规模观测，研究入湖污染通量的空间分布特征及各监控分区污染物质衰减系数。采用逆推法建立入湖污染通量排放追溯计算方法，构建流域污染物入湖通量追溯模型，选择典型年份进行追溯模型验证，计算分析太湖流域各监控区间入河污染排放量的动态变化。并运行于太湖水质目标管理平台，追溯计算入太湖污染通量来源及各控制分区占比。

2.2.1.6　污染通量削减空间分配优化模型

污染通量削减空间分配优化模型（以下简称“模型六”），收集流域社会经济发展和水环境、水资源变化数据，开展流域河网各河段净化污染物的潜力利用程度、功能区水质状况、减排成本，以及与社会经济发展水平的关系等分析，制定人与自然和谐相处的污染通量削减分配优化原则，遴选污染通量削减分配优化的控制指标，建立污染物通量削减分配优化目标函数的定量表达式，进行污染通量削减优化的各控制指标的约束条件分析，并确定相关参数，建立污染通量削减优化方程组的数值求解方法，创建入湖污染物通量削减空间分配的多目标优化模型，并运行于太湖水质目标管理平台。选择代表性区域进行削减通量空间优化分配，开展合理性分析，校准优化模型。

2.2.1.7　太湖水动力学—富营养化生态模型

太湖水动力学—富营养化生态模型（以下简称“模型七”），收集太湖湖流、水位、水质以及生态系统变化调查、实验资料，建立太湖生态环境演变基础数据库，通过湖泊水动力、营养盐转化、生物生长、代谢及种群竞争等过程的耦合，建成包含湖泊水动力要素（水位、湖流）、水质参数（氨氮、硝态氮、亚硝态氮、正磷酸盐磷、底泥可交换态氮、底泥可交换态磷、底泥间隙水溶解性磷、溶解氧）、生物要素（浮游植物生物量、浮游动物生物量、鱼类生物量、水生植物生物量、碎屑、浮游植物态氮、浮游动物态氮、水生植物态氮、鱼类态氮、碎屑态氮、浮游植物态磷、浮游动物态磷、水生植物态磷、鱼类态磷、碎屑态磷）等 27 个变量的“太湖水动力学—富营养化生态模型”EcoTaihu 模型（Weiping Hu，Sven E. Jørgensen，Fabing Zhang，2005；王洗民等，2017），开展太湖水动力学湖流、水位变化模拟，食物链网模拟和营养物质输移转化模拟。

2.2.2　模型集成逻辑关系

2.2.2.1　反算模型集成逻辑关系

太湖水质目标管理新思路采用从湖泊到流域倒逼式反推思路，涉及湖泊和流域 6 大模型，需要 6 大模型进行集成耦合运行方能实现。反算模型集成逻辑为：模型一（启动模型）的输出结果作为输入条件提供给模型二驱动模型二运行，模型二的输出结果作为输入条件提供给模型三驱动模型三运行，模型三的输出结果和模型四的输出结果作为输入条件提供给模型五驱动模型五运行，模型五的输出结果作为输入条件提供给模型六驱动模型六的运行，模型六的输出结果即流域污染减排最佳方案。

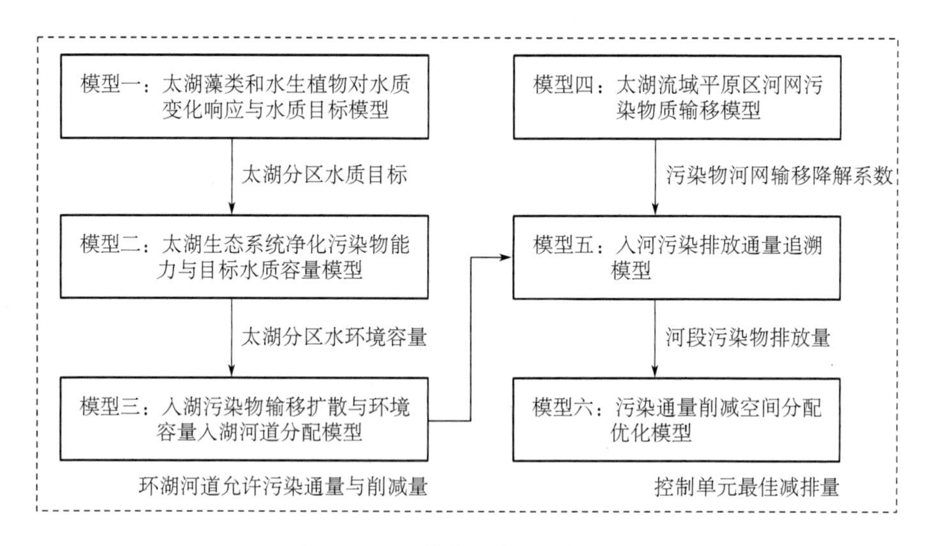

图 2-1　反算模型集成逻辑关系

2.2.2.2　正算模型集成逻辑关系

传统的水质目标管理研究思路从流域污染物排放到湖泊水质响应，涉及 2 个模型，即模型四和模型七进行耦合集成运算。模型四的输出结果作为输入条件提供给模型七驱动模型七的运行技术，模型七输出结果即随着流域河网污染物排放情况太湖水质的变化模拟。

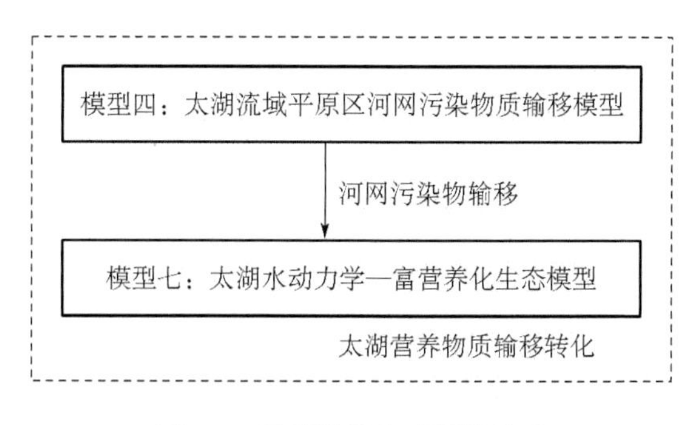

图 2-2 正算模型集成逻辑关系

2.3 用户功能需求

水质目标管理部门的业务职能设置和下属单位的工作类型不同，决定了终端用户对系统需求的多样性，网络环境的差异性决定了系统框架结构应满足不同条件下用户的使用，如数据库处于单位内网，平台系统可以通过广域网使用。针对各部门对水质目标管理和应用的实际需要，其应用目的不同，基于不同的模型应用，主要包括以下几类：湖泊水质目标管理、水质目标管理的对比分析、太湖水环境现状与评估、水功能区限制限污总量控制、专题制图与统计分析。

1. 湖泊水质目标管理

管理部门目前使用的太湖水质目标，为国家制定的太湖考核指标（2015 年考核目标、2020 年考核目标），无法将水质目标管理分解到年度，甚至是季度、月度。需要针对太湖不同湖区生态环境特征和年度水文特征，制定动态的水质目标。

2. 水质目标管理对比分析

对模型计算出的水质目标和 2020 年国家目标进行对比，和实测水质数据以柱状图、曲线图进行对比分析。

3. 太湖水环境现状与评估

在太湖水环境现状与评估（正算）中，基于平原区河网污染物质输移模型和太湖水环境评估模型的耦合，完成河道流量、流域污染源的联动调整对流域河网与湖泊水质影响的动态化、可视化评估。

4. 河道限制限污总量控制

将环湖河道污染负荷量与江苏、浙江的 2015 年总量控制目标、2020 年总量控制目标进行对比分析，为河道限制限污总量控制提供管理依据。

5. 专题制图与统计分析

提供地图渲染、数据分析、表格展示三种形式查看模型运行结果。地图渲染中提供按照日期、渲染指标项进行结果的地图渲染，提供时间条按钮，进行计算结果的自动播放；数据分析提供按照日期、指标项、河道选择进行柱状图统计；表格展示以表格的形式展示模型计算结果，同时提供按照时间的数据筛选，并提供数据导出功能。

2.4　系统功能需求

太湖水质目标管理平台围绕用户的功能需求，分角色设置系统功能。平台用户角色分为系统管理员和业务科室用户，其中系统管理员通过预处理系统对采集数据进行审核、整理及格式化，对数据进行前置预处理，预处理系统将加工后的数据按标准存放至共享数据库中，系统管理员对模型进行管理和配置，方便业务员直接使用；业务科室用户通过模型运行管理系统对模型进行统一的管理，并进行模型运算，实现水质目标管理和水环境评估，并进行各种计算方案的对比遴选，推荐给领导进行决策。

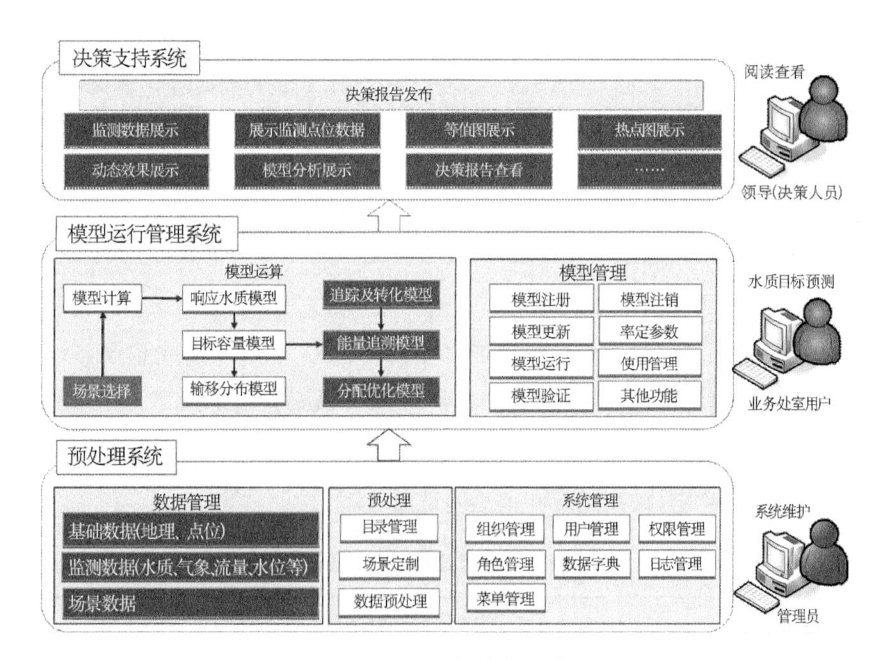

图 2-3　平台功能系统

2.4.1 预处理系统

预处理系统主要为模型运行提供数据管理、模型管理和系统管理三个模块。

1. 数据管理模块

数据管理模块主要包含空间数据管理和监测数据管理，其中数据来源分为2个部分：一部分是与用户单位对接的业务数据，包括水文、水质、站点报讯数据等，提供文件导入的功能；另一部分是通过采集整理的包含地理信息、点位信息、监测数据在内的基础数据，数据采用文件导入、系统录入的方式进行管理。

表 2-2 数据管理模块的功能描述

功能名称	功能描述
数据导入	系统提供统一的数据导入功能，数据来源：文本文件、Excel 文件、XML 文件和 DOC 文件等
数据导出	系统提供统一的数据导出功能
数据维护	提供监测数据的统一管理，主要包括数据的增、删、改、查功能
数据同步监控	平台依赖统一基础支撑系统与业务单位系统进行数据同步，需提供同步数据的监控功能，主要包括同步数据进度和状态的查询、统计
数据插值	当原始数据数量达不到模型运算的支撑条件时，系统提供对原始数据的插值处理功能，数据插值处理包括空间数据插值和时间数据插值。允许用户设置需要插值的数据源，选择插值的算法，并设置输出目标数据源

2. 模型管理模块

模型管理模块围绕平台系统集成水质目标模型、水环境容量模型、入湖污染物输移扩散过程、河网污染物输移模型、污染排放通量追溯模型、污染物通量消减空间分配优化模型等七大模型，提供模型模板注册、模型发布、模型注销、模型更新、参数率定、模型运行和模型验证的管理。

表 2-3 模型管理模块的功能描述

功能名称	功能描述
模型注册	提供数据模型的登记注册功能

（续表）

功能名称	功能描述
模型发布	提供已注册数据模型的发布/取消发布功能。处于运算中的数据模型不允许进行取消发布功能
模型注销	提供已登记数据模型的注销功能
模型更新	提供数据模型更新功能。处于运算中的数据模型不允许进行模型更新功能
参数率定	提供数据模型参数率定更新功能，另外允许率定后参数的导入、导出功能
模型运行	提供数据模型启动、暂停、停止及模型运行状态查看功能
模型验证	提供数据模型启动运算前输入数据的验证功能，主要包括边界条件、初始条件、外部函数数据的校验

3. 系统管理模块

系统管理模块围绕不同角色用户对平台系统不同的操作权限，以及系统数据库、日志的维护等，提供了用户注册、用户认证、权限管理、角色管理、访问控制、日志管理和参数配置。

表 2-4　系统管理模块的功能描述

功能名称	功能描述
用户注册	实现对用户基本信息的维护和查询，通过注册向导提示用户进行注册操作
用户认证	提供一个安全认证功能，用户只需进行一次登录就可以访问到所有的授权服务。通过统一的身份认证方式实现集中的身份认证、单点登录和访问控制。系统根据用户的身份和权限，判定用户授权范围内的各个成员系统
权限管理	提供权限配置功能，由管理员对不同类型用户的权限进行配置
角色管理	提供用户角色及群组配置功能，由管理员对不同类型用户的角色进行配置
访问控制	为系统提供用户访问控制查询和审核接口
日志管理	提供系统对人员访问操作、设备故障、维修日志进行记录
参数配置	系统提供公共参数的统一配置管理

4. 处理子系统

表 2-5　预处理子系统的功能描述

功能名称	功能描述
数据预处理	预处理模块对数据进行前置处理、格式检查与转换，通过统一共享数据库进行集中存储
场景定制	提供数据模型输入数据情景设置功能，允许提供不同分类下监测数据的集合管理功能
目录管理	系统提供对数据目录的统一管理，主要包括数据目录的增、删、改、查功能

2.4.2　模型运行管理系统

模型运行管理系统是太湖水质目标管理平台的核心，从预处理系统中获取模型配置需要的各类数据文件，通过界面输入数据，驱动模型运行最终为决策支持系统提供监测、模型分析以及决策报告。

表 2-6　系统管理模块的功能描述

功能名称	功能描述
方案创建	为每个计算案例创建方案，包括方案名称、计算时间、计算水质目标类型
数据输入	选择水文气象的情景数据，提供对河道流量情景数据的编辑功能
模型运行	驱动模型进行运行及状态的监控
地图结果查看	将模型计算结果进行 GIS 可视化展示，提供地图和表格结果的联动查看、检索、选择
动态图展示	根据模型运行计算的结果，对计算过程中产生的数据进行动态图展示
统计分析	提供柱状、曲线等方式对模型计算结果按照河道、行政区划等类型进行统计分析，并和实测数据进行对比
表格展示	将计算结果以表格的形式进行展示，同时提供对计算结果不同类型的检索、导出
决策报告生成	定制决策报告模板，将模型计算结果自动写入模板生成决策报告
方案对比遴选	将不同计算方案以列表方式展示，提供对方案按照名称、创建时间的检索，方案删除的功能，以及勾选同类方案进行方案的对比

2.4.3　决策分析系统

决策分析系统主要包括决策报告发布以及为多种数据提供不同展示功能。

表 2-7　决策分析系统的功能描述

功能名称	功能描述
决策报告发布	数据模型计算完成后，提供决策报告的输出、发布功能
监测数据展示	根据数据预处理系统提供的监测数据为基础，对监测数据进行展示
模型分析展示	根据模型运行计算的结果，对计算过程中产生的数据进行分析、展示
最优决策报告生成	根据方案比选结果，生成最优决策报告并自动进行发布
决策报告归档	提供决策报告按照计算时间的归档和查看功能

2.5　平台数据流向

数据流图是结构化系统分析的主要工具，它表示了系统内部信息的流向，并表示了系统的逻辑处理的功能。因此，数据流图就是从数据传递和加工的角度，在需求分析阶段以图形的方式描述数据流从输入到输出的移动变换过程，为系统建立逻辑模型。

数据流图的功能主要为(1) 描绘数据在系统中各逻辑功能模块之间的流动和处理过程，是一种功能型模型；(2) 主要刻画“功能的输入和输出数据”、“数据的源头和目的地”；(3) 在数据流图中没有任何具体的物理部件，它只是描绘数据在软件中流动和被处理的逻辑过程。它与数据字典一起用来构成系统的逻辑模型。

数据流图有四种元素，其基本符号如图 2-4 所示。

1. 外部实体：与系统进行交互，但系统不对其进行加工和处理的实体，用带标记的矩形表示。

2. 数据的加工：加工是对数据进行变换而活处理的单元，它接收一定的数据输入，对齐进行处理，并产生输出。在数据流图中加工/处理用带标记的圆圈

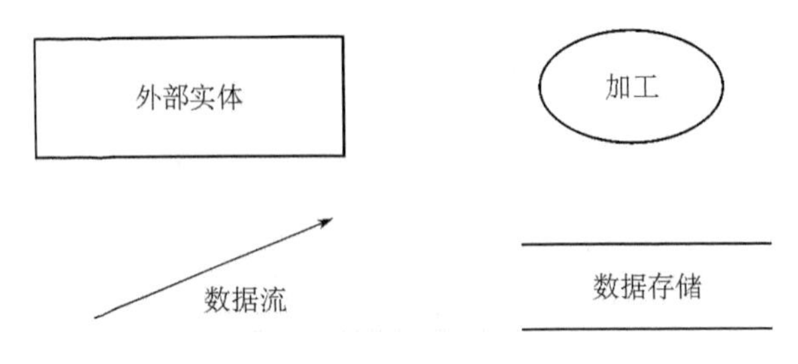

图 2-4　数据流图元素

表示，在圆圈内写上加工名。一个处理框可以代表一系列程序、单个程序或者程序的一个模块。

3. 数据流：在数据加工之间或数据存储和数据加工之间进行流动的数据，用带标记的箭头表示。数据流由一组固定的数据组成，用来指出数据在系统内传播的路径。如订票单由旅客姓名、身份证号、年龄、日期、单位和目的地等数据项组成。由于数据流是流动中的数据，在数据流图中数据流用带箭头的线表示，在其线旁标注数据流名（与数据存储之间的数据流不用命名）。在数据流图中应该描绘所有可能的数据流向，而不应该描绘出现某个数据流的条件。数据流图中的箭头表示的是数据流，而程序流程图中的箭头表示的是控制流。

4. 数据存储：表示信息的静态存储，可以代表文件、文件的一部分、数据库的元素等，用带标记的双实线表示。在数据流图中，如果有两个以上数据流指向一个加工，或是从一个加工中引出两个以上的数据流，这些数据流之间往往存在一定的关系。为表达这些关系，可以对数据流和加工标上不同的记号。一般来说，数据流与加工之间可用星号“＊”表示相邻的一对数据流同时出现，用“＋”表示相邻的两数据流可取其一或者两者，用“⊙”表示相邻的两数据流只能取其一。

为了能够有效表达数据处理过程的数据加工情况，需要采用层次结构的数据流图，即按照系统的层次结构进行逐步分解，并以分层的数据流图来反映这种结构关系，这样就能比较清楚地表达和理解整个系统。

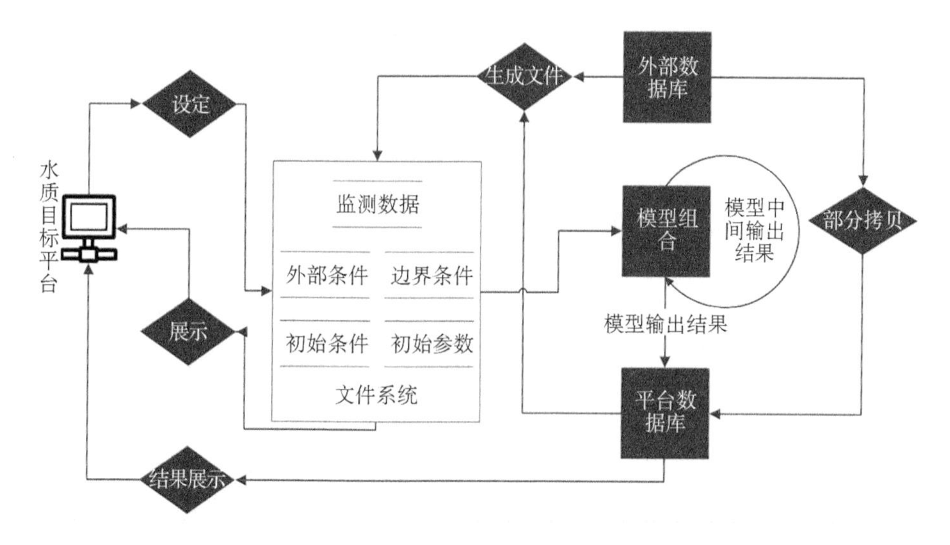

图 2-5 系统数据流程图

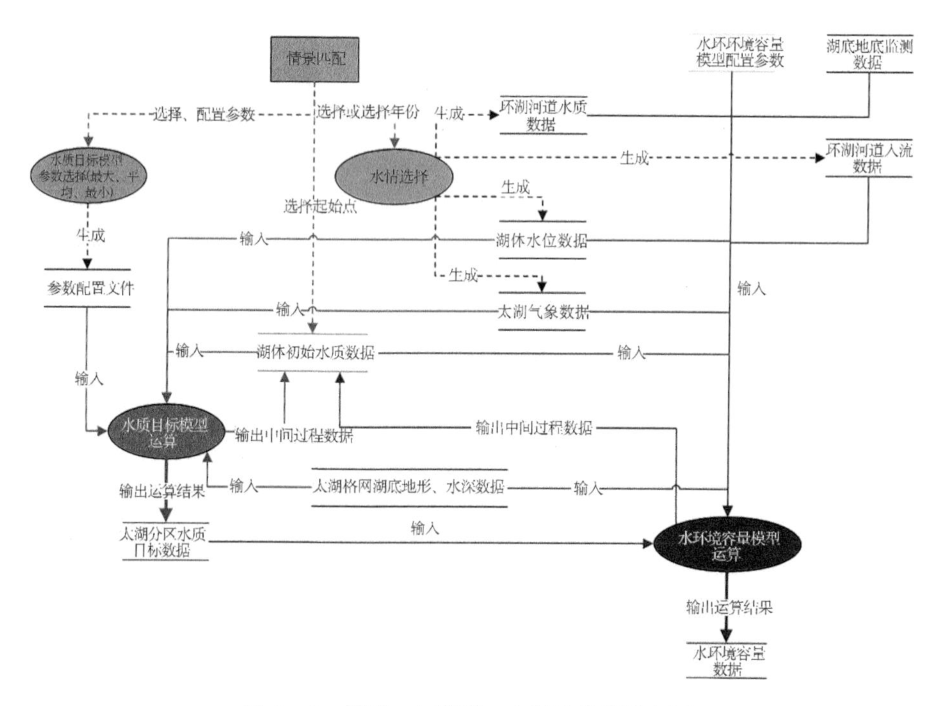

图 2-6 模型一与模型二之间的数据流向图

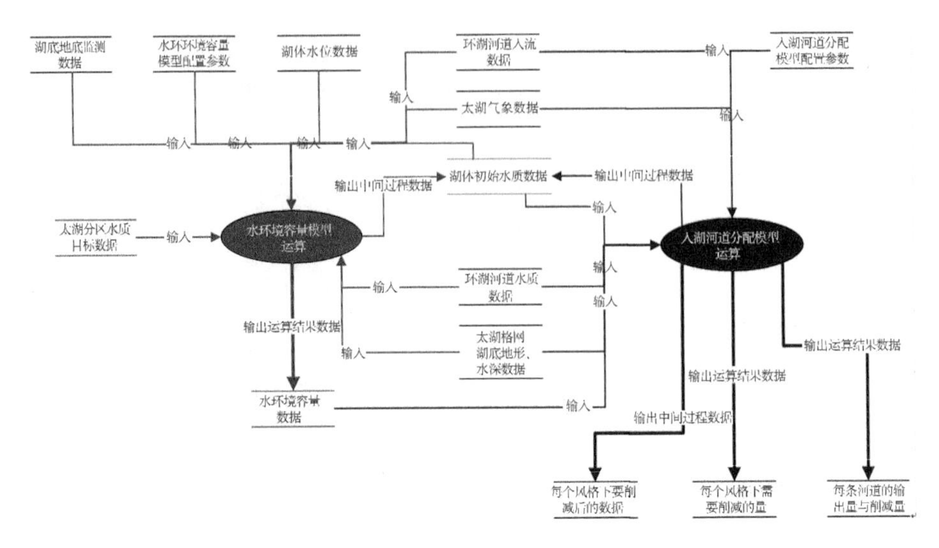

图 2－7　模型二与模型三之间的数据流向图

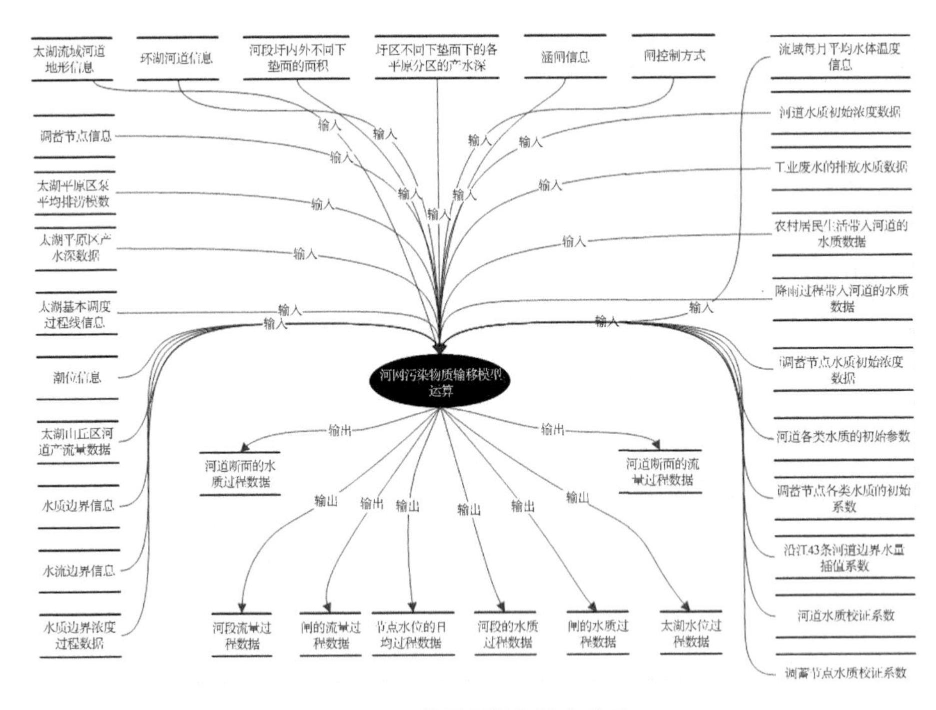

图 2－8　模型四输入输出关系

表 2－8 模型输入/输出参数

序号	用户操作	输入参数	输出参数
1	太湖分区水质目标确定	污染物浓度（总氮、总磷、氨氮、硝酸盐氮、正磷酸盐磷、高锰酸盐等）、悬浮物浓度、浮游植物群落、水生植物群落	太湖分区水质目标
2	分区水环境容量计算	浮游植物群落、水生植物群落、出入湖水量、污染物降解系数、水质、藻类、湖流、分区水质目标	特定水质目标条件下分区水环境容量
3	入湖河道允许入湖污染物通量	入湖河道水体、入湖污染物负荷、分区水环境容量、湖面风场、吞吐流	一定水质目标条件下河口污染物控制浓度、一定水质目标条件下河段污染物控制浓度
4	河网污染物通量追溯	断面污染物通量观测、河段湖荡污染物滞留、污染物转化系数、污染物排放年份	河口污染物通量 河网污染物通量
5	入湖污染物通量最优消减	功能区水质状况、河口污染物通量、河网污染物通量、河网河段净化污染物潜力利用程度、减排成本	污染物最优减排方案

2.6 系统性能需求

系统的性能需求从系统可维护性、系统可靠性、系统高效性、系统先进性和实用性四个方面考虑。

2.6.1 系统可维护性

系统可维护性是衡量软件质量的一个重要指标，可目前没有对可维护性定量度量的普遍适用方法，目前广泛使用的是用可理解性、可测试性、可修改性、可移植性、可使用性、开发性及效率等多个特性来衡量系统的可维护性。系统可维护性对于延长软件的生存期具有决定性的意义，系统应通过建立明确的软件质量目标和优先级、使用提高软件质量的技术和工具进行明确的质量保证审查，改进程序的文档，开发软件时考虑维护等多方面工作来提高系统的可维护性。

2.6.2 系统可靠性

可靠性指系统运行过程中的抗干扰和正常运行能力，保证系统出现的故障能很快得到排除。要求系统具有较好的检错能力，在错误干扰后有重启动的能力。系统采用冗余技术、软件复杂性控制、双机热备等技术来提高系统的可靠性。

2.6.3 系统高效性

系统运行效率主要以系统处理能力、运行时间及响应时间来衡量。要求设计人员在一定资源的条件下，选择合理的设计方案，设计较优的算法。在确保系统可靠性和可维护性的前提下，尽可能地提高系统的执行效率和响应时间。

2.6.4 系统的先进性和实用性

系统的先进性和实用性是系统先进技术应用于系统价值的重要体现。系统应符合计算机软件技术的发展潮流，采用技术领先的系统平台和框架体系，保证系统的先进性；同时，系统必须符合水质目标管理特点和业务要求，界面简洁、操作简单，使系统具有较强的实用性。

2.7 系统的安全需求

系统的安全需求从数据安全和系统权限管理两个方面考虑。

2.7.1 数据安全

太湖流域水质目标管理平台系统有关数据和其他管理信息系统数据一样，在计算机中都是以文件或数据库关系表的方式来表示和存储。文件系统可看作数据库系统的原始形式。根据系统建设的要求，系统将太湖流域的数据集中到数据库服务器中进行统一管理。该数据库的特点是使数据具有独立性，并且提供对完整性支持的并发控制、访问权限控制、数据的安全恢复等。针对数据安全，需采用并发控制、存取控制和备份恢复技术。

1. 并发控制

数据的集中管理将导致并行事务处理的出现，并行的事务处理可能会并发存取相同的数据。为防止并发存取对数据完整性的危害，需要采取一定的措施，保持数据的完整性和一致性。对空间数据库，采用锁的机制保护数据完整性。锁的粒度取决于数据库的实现方法。

2. 存取控制

存取控制实为授权机制，是数据库安全的关键。对于何种范围内的数据，在何种条件下，规定许可进行何种操作。用户在调用具体的模块时，要输入用户名和密码或口令，每个模块均有其授权的用户。每种数据也定义了用户权限表，只有指定的用户才能进行相应的操作，用户权限由数据库管理员来设定。

3. 数据恢复

数据库中的数据是独立于程序而存在的，无论是自然错误还是人为错误，都会造成巨大的损失，为了能够恢复修改前的状态，数据库的操作应具有下列功能：

(1) 自动恢复：在出错时可回到修改前的状态。

(2) 自动备份：数据库修改后，原数据应有备份。

(3) 历史数据：当数据库中数据大量修改后，原来的数据要保留入历史库中供以后使用。

(4) 数据保密：在远程访问时，数据查询结果要在网上传送，这样就要求传送的数据安全。同样采用加密的方法来达到目的。

2.7.2　系统权限管理

在系统中采用基于角色的访问控制(Role Base Access Control，RBAC)机制，进行系统权限管理，从而决定一个用户或程序是否对某一特定的资源执行某种操作，从而防止用户越权使用，消除系统运行隐患，同时提供良好的系统柔性。

RBAC 包含三个实体：用户(user)、角色(role)、权限(privilege)，见图。用户是对数据对象进行操作的主体，可以是人和计算机等。权限是对某一数据对象的可操作权利。一般所讲的数据对象，对数据库而言，可以是表、视图、字段，甚至是一条记录，相应的操作有读、写、删除和修改等。一项权限就是可以对某一特定的数据对象进行某种特定操作的权利。角色的概念源于实际工作中的职务。一个具体职务代表了在日常工作中处理某些事务的权利，角色作为中间桥梁把用户和权限联系起来。

图 2-9　基于角色的访问控制实体组成

RBAC 采用与企业组织结构一致的方式进行安全管理，其基本思想是：在用户与角色之间建立多对多关联，为每个用户分配一个或多个角色；在角色与权限之间建立多对多关联，为每个角色分配一种或多种操作权限；同时，通过角色将用户与权限相关联，即当用户拥有的一个角色与某种权限相关联时，用户拥有该权限。

3 太湖水质目标管理平台框架设计

太湖水质目标管理平台系统基于太湖流域基础数据库、空间数据库、业务数据库、情景数据库、模型数据库等，按照国家和行业标准，建立太湖流域模型模拟统一本底数据库，进行太湖水质目标管理平台的框架设计。太湖水质目标管理平台系统基于 Net Framework 框架和 ArcGIS Server 平台，集成了太湖水质目标计算模型、太湖水环境容量计算模型、太湖入湖河道污染削减分配模型、太湖流域河网污染物质输移模型、入河污染排放通量追溯模型、污染通量削减空间分配优化模型、太湖水生态模型等 7 大模型，建立围绕太湖水质目标计算、水环境容量计算、入湖河道污染削减分配、入河污染排放追溯、污染物排放削减、太湖水环境评估和流量、排污控制方案评估核心业务的太湖水质目标管理平台系统。平台系统重视平台的业务化应用，框架设计方面按照分层设计的理念将平台框架分为数据层、业务层、表现层及应用层四层；总体功能设计方面，为满足用户单位实际业务管理需求，优化了水质目标与污染排放削减管理反算业务功能，提供太湖水环境现状与评估正算业务功能。平台界面采用扁平化设计，以业务功能需求设计菜单，采用模型计算一键化流程式引导，简单实用。

3.1 平台设计原则

平台系统设计遵循了以下原则：

(1) 规范性：相关规范或标准遵循 C＃、XML、ADC. NET、SNMP、HTTP、TCP/IP、MVC 等业界主流标准。

(2) 稳定性:利用先进和成熟的技术系统,采用四层体系结构,使用 XML 规范作为信息交互的标准,充分吸收国际厂商的先进经验,并且采用先进、成熟的软硬件支撑平台及相关标准作为系统的基础,保证平台研发过程和运行的稳定。

(3) 灵活性:可灵活地与其他系统集成,采用基于工业标准的技术,方便与其他系统的集成。

3.2 平台框架设计

在需求调研的基础上,结合数据调研的内容,明确平台总体框架设计,按照分层设计的原则分为数据层、业务层、表现层及应用层四层分层结构(见图 3-1),采用 B/S 模式,设立数据库服务器、应用服务器和服务发布服务器。

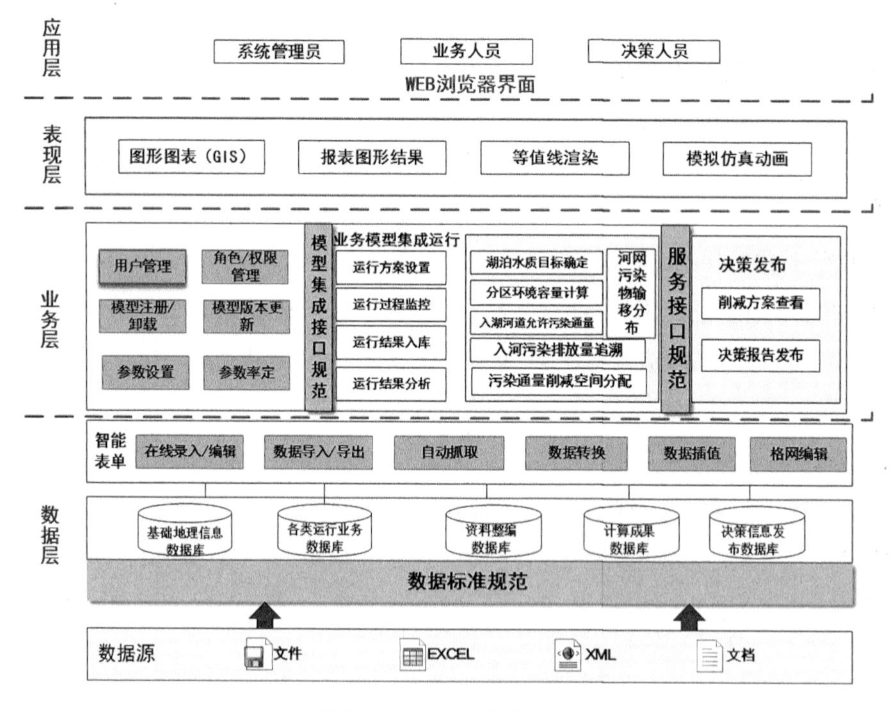

图 3-1　平台总体构架图

3.2.1　数据层

数据层主要用于对平台所需数据的搜集、整理以及标准化，一方面为平台模型运行计算提供数据支撑，另一方面为平台运行提供数据维护。数据层不仅支持对各类格式化数据的导入导出，而且按数据规划要求对数据进行插值、转换等维护操作，形式包括平台基础数据库、空间数据库、业务数据库、情景数据库、模型集成库、模型运行库、过程数据库、决策支撑库。

数据主要包括基础地理信息数据、各类业务运行数据、资料整编数据、计算成果数据以及最终为领导决策的决策信息发布数据；数据支持类型不仅包括常规的格式化数据 Excel、DAT 等，还支持通过自定义的方式从原有系统中导出特定的格式化数据。

3.2.2　业务层

业务层是平台的核心，主要由四大部分组成，不仅包括模型运行以及展示相关的主要功能，还包括保障系统正常运行的系统管理维护功能。

模型运行主要包括方案设置、过程监控、结果入库以及运行结果分析；服务接口规划主要包括湖泊水质目标确定、分区环境容量计算、入湖河道允许污染通量、入河污染排放能量追溯、污染能量削减空间分布、河网污染物输移分布、太湖水环境评估以及决策发布相关的削减方案查看和决策报告发布。

系统管理主要包括用户、角色、权限的管理，模型生命周期的管理以及相关的参数设置、参数率定等。

3.2.3　表现层

表现层主要是以提供表单、表格、图形的方式为用户提供与平台图形化的交互，包括为管理员、业务研究人员提供智能表单功能，便于用户对数据进行快速编辑及维护；同时提供多种展示方式如图形图表(柱状图、饼状图等)、等值线渲染以及模拟仿真动画，更直观地表现分析结果。

3.2.4　应用层

应用层主要为分角色的用户终端应用，包括系统管理员、业务人员和决策人员，针对不同的角色用户提供不同的功能应用。各类角色的用户通过 Web 客户端访问太湖水质目标管理平台，业务人员随时可以了解太湖水质的变化情况并做出相应的决策，提升河湖水环境管理能力。

3.3 平台业务逻辑设计

太湖水质目标管理平台基于太湖水质目标计算模型、太湖水环境容量计算模型、太湖入湖河道污染削减分配模型、太湖流域河网污染物质输移模型、入河污染排放通量追溯模型、污染通量削减空间分配优化模型、太湖水生态模型等7大模型的耦合集成运行，实现水质目标正算和反算的两大业务流程，即① 采用倒逼式反推从湖泊水质目标反推到环湖入湖河道污染物削减进而追溯到流域污染削减减排，② 传统的水质目标管理思路从流域污染物排放模拟太湖水质和生态系统的变化情况。

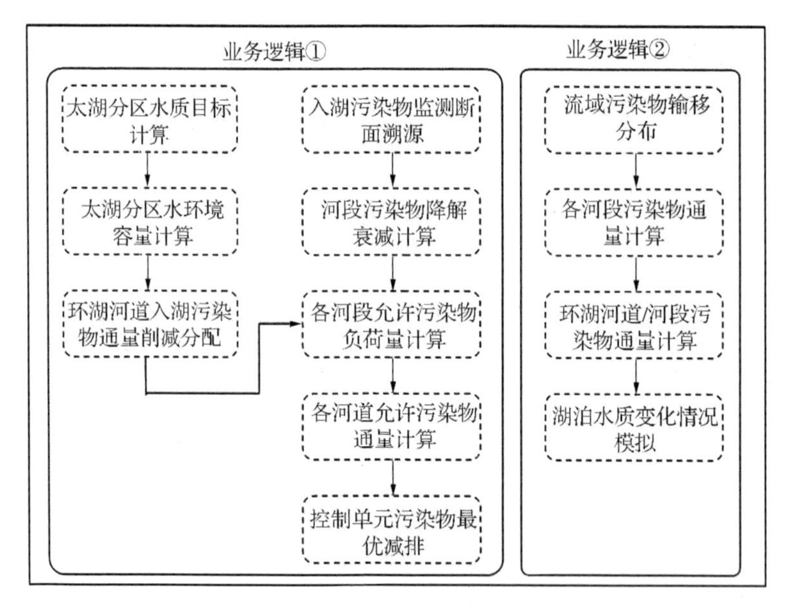

图 3-2　太湖水质目标管理平台业务逻辑

业务逻辑①，基于太湖水质目标管理的新思路，采用与传统研究路线相反的流程，即先科学、合理地制定太湖分区水质目标，在既定的太湖分区水质目标条件下计算太湖分区水环境容量，进而通过入湖污染物输移分布模型计算入湖河道允许污染物通量与削减量,利用河网污染输移及通量追溯模型进行入湖污染物通量在上游河段的追溯解析,掌握各河段污染物通量,对比河段允许入湖污染物通量,通过污染通量削减空间分配优化模型,进行控制单元污染物通量核算以及削减通量空间优化分配,得到污染通量最优消减方案。

业务逻辑②,基于传统水质目标管理研究路线,即通过流域污染物通量监测,研究其空间输移分布,监测各河网河段污染物通量、其下游各河口污染物通量、入湖污染物浓度,研究模拟入湖污染物浓度与湖泊生态系统(浮游植物、水生植物、浮游动物、底栖动物与鱼类)以及水质的响应关系。

3.4 平台功能设计

太湖水质目标管理平台以建设多维水文水动力模型集成为核心,以水质目标管理、流域污染物减排、湖泊水质模拟等多功能为目标,进行平台功能设计。太湖水质目标管理平台共包括两大子系统,四大核心功能。两大子系统包括预处理系统、模型运行管理系统。四大核心功能主要包括:

- 核心功能一:数据管理(空间数据、业务监测数据)

太湖水质目标管理平台实现了对流域基础地理信息、水质监测站、水文监测断面、气象台站等数据进行数字化、空间化的集成管理与更新查询,满足了流域环境管理部门对湖泊流域多源异构数据查看、使用、检索、编辑、更新的工作需求。

- 核心功能二:面向湖泊水质目标的流域污染物减排分区与核算

基于六大模型,构建一套“水质目标估算－水环境容量评估－入湖污染物分配－河道污染物输移－流域单元污染物减排核算”的倒逼式管理体系,实现不同水质目标条件下,流域及其湖泊各关键节点污染物限排/减排量的自动化、动态化估算与可视化展示(模型运行结果以地图渲染、数据分析、表格展示三种形式展示),最终为流域环境保护部门对污染管控分区、环境保护规划的管理提供数字化的决策依据。

● 核心功能三：不同流域控制手段下的水环境变化模拟

基于平原区河网污染物质输移模型与太湖水生态模型，完成对太湖水质目标管理平台正算功能的研发，实现对不同流域管控措施与手段下（流域河道流量、污染源排放类型、排放量）的河网水质变化与湖泊水环境演变特征进行模拟与可视化展示，为流域环境管理部门在水保措施制定、水文调度等方面的日常工作提供可操作、可量化的决策依据。

● 核心功能四：决策支持

针对流域环境部门需要制订的不同管理方案（水质目标管理、污染物减排与分区管理、流域调控措施），以平台内模型模拟与核算结果为依据，通过不同方案的对比遴选，实现多目标决策报告定制、可视化在线生成与发布，为水环境管理提供分析决策。

围绕以上四大核心功能，太湖水质目标管理平台分为预处理系统和模型运行管理系统两大子系统。

3.4.1 预处理系统

预处理系统主要为模型运行提供空间数据管理、监测数据管理、模型管理和系统管理四个模块。

空间数据管理，数据主要通过文献等方式搜集，包含流域基础地理、高程、流域界限、流域概化河网、环湖河道，水功能区划线状/面状、太湖湖体分区、太湖湖体网格划分、太湖水深、流域水质监测站、湖体水质监测站、流域水文站、湖体气象站、流域气象站等图层，提供对这些空间数据的查看、编辑以及监测点位和河网数据的新增。

空间基础地理数据查看工具：

放大：对当前地图所有可视图层进行放大。

缩小：对当前地图所有可视图层进行缩小。

还原：当前地图回到默认初始比例尺大小。

平移：按照鼠标指示移动地图。

图层可视控制：勾选图层，图层可视；取消勾选，图层不可视。

属性信息识别：现实地图中图层选中要素属性信息。

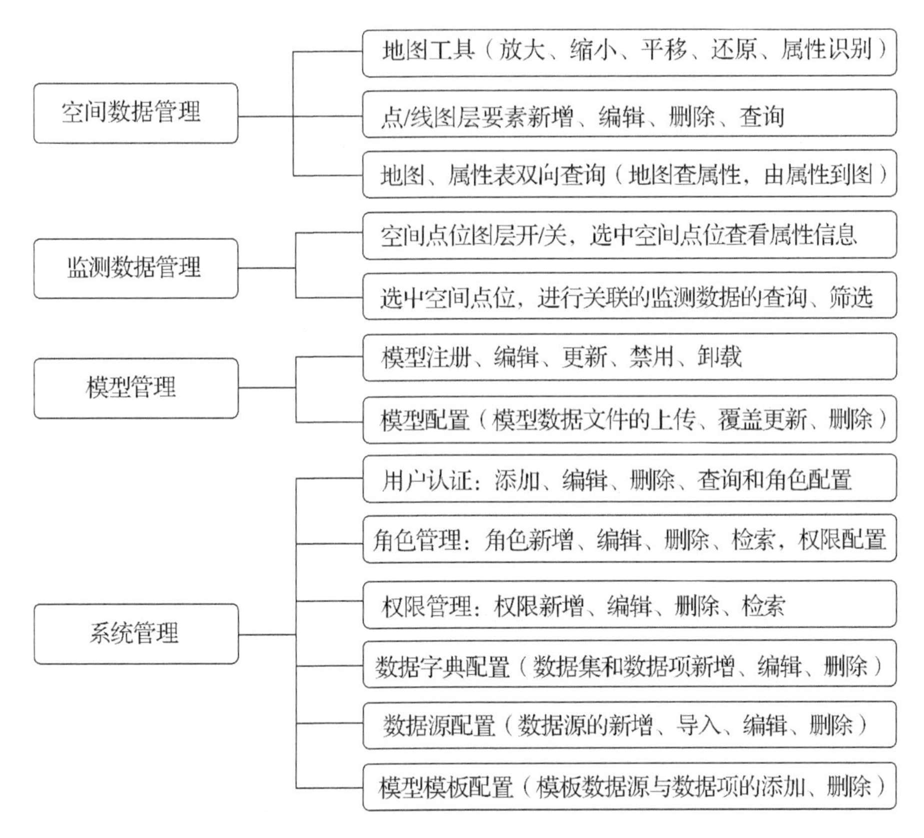

图 3－3　预处理系统功能模块

点位空间数据编辑：包含对入湖口、太湖气象监测站、太湖水质监测站、流域水质站、流域水文站点位图层要素的新增、属性信息完善，通过在图层上点击或者手动输入经纬度添加点。

新增河网：空间图层选择新增的对象一级河网或二级河网，在空间地理底图上进行划线定义河网起始点和终点，在弹出的属性框输入相应的属性信息。

图文双向查询：在地图上单击某空间要素，显示出该要素对应的属性信息；在图层属性表中单击某条记录，地图上相应的要素高亮显示。

监测数据管理，主要对流域水质监测站、湖体水质监测站、流域气象站、湖体气象自动站和流域水文站5类监测站点提供图层开/关控制、点位属性识别、点位监测数据关联查询和筛选。

图层开关控制：滑动按钮，控制图层可视/不可视，按钮为亮，图层可视；按钮为灰色，图层不可视。

点位属性查看：在空间地图上选中某个点位，弹出该点位对应的属性信息。

点位监测数据查看：在空间底图上选中点位，在地图下方表格中弹出该点位对应的长时间序列的监测数据。

监测数据筛选：根据监测点位名称、监测时间对数据进行筛选。

监测数据导出：将监测数据以 Excel 格式导出。

模型管理，对太湖藻类和水生植物对水质变化响应与水质目标模型、太湖生态系统净化污染物能力与目标水质环境容量模型、入湖污染物输移扩散过程与环境容量入湖河道分配模型、太湖流域平原区河网污染物质输移模型、入河污染排放通量追溯模型、污染通量削减空间分配优化模型和太湖水动力学一富营养化生态模型 7 大模型进行模型的注册、编辑、更新、禁用和配置。

模型注册：输入模型名称、编码，上传模型 dll 文件。

模型编辑：编辑模型文件，可进行重新上传覆盖。

模型更新：刷新模型，启用新上传的 dll 文件、配置的各项数据文件等，进行同步更新。

模型禁用：禁用该模型。

模型配置：按照模型计算需求，配置模型的输入输出文件，包括模型初始条件、边界条件、外部函数、参数条件等数据文件的导入、更新、删除和在线预览。

系统管理，包含了角色管理、用户管理、权限管理、数据字典、数据源配置和模型模板管理。

- 角色管理：对角色进行新增、删除、启用、禁用，对角色进行刷新和筛选。提供用户角色及群组配置功能，由管理员对不同类型用户的角色进行配置。

  角色新增：包括编号、角色名称、创建时间、创建人、状态等属性。提供权限设置功能；

  角色删除：同时删除角色权限关系数据；

  角色修改：包括编号、角色名称、创建时间、创建人、状态等属性；

角色查询:查询条件包括编号、角色名称和状态;

角色状态:包括启用和禁用功能;

人员配置:显示未分配用户和已分配用户列表,提供姓名、部门和职位等查询条件,为角色分配、排除用户。

● 用户认证:提供一个安全认证功能,用户只需进行一次登录就可以访问到所有的授权服务。通过统一的身份认证方式实现集中的身份认证、单点登录和访问控制。系统根据用户的身份和权限,判定用户授权范围内的各个成员系统。

用户新增:包括编号、姓名、登录名、部门、职位、角色等属性;

用户删除:同时删除用户角色关系数据;

用户修改:包括编号、姓名、登录名、部门、职位、角色等属性,同时更新用户角色关系数据;

用户查询:查询条件包括姓名、部门和职位;

用户状态:包括启用和禁用功能,对用户进行新增、编辑、删除、启用、禁用,对用户进行角色的配置,对用户进行检索筛选。

● 权限管理:对用户权限进行新增、删除、启用、禁用,设置该权限的上级权限,以及对角色进行权限关联和设置。提供权限配置功能,由管理员对不同类型用户的权限进行配置。为系统提供用户访问控制查询和审核接口。

权限新增:包括编号、功能名称、排序、中文名称、路径、图标路径、上级功能、功能等级、状态等属性,验证编号、中文名称是否唯一;

权限删除:同时删除该权限下的所有子级权限;

权限修改:包括编号、功能名称、排序、中文名称、路径、图标路径、上级功能、功能等级、状态等属性,编号不能修改,验证中文名称是否唯一;

权限查询:提供编号、权限中文名称、功能等级、状态等查询条件;

权限状态:提供启用和禁用功能,启用或禁用权限时,会对该权限的子级权限进行相同操作。

● 数据字典:定义了数据库中数据项的字典名称、字典编码、父级分类、等级、状态、描述信息,数据项的保存、删除和更新。

数据字典新增:数据项字典名称、编码、父级等级、状态;

数据字典删除:选中数据项,进行删除;

数据字典更新:提供数据项字典名称、编码、状态的更新。

- 数据源配置:通过树形结构展示模型数据源参数,可定义数据源来源是文件还是数据库,文件可指定文件路径和文件名,数据库可指定数据库连接方式和表名;用户可进行数据源的查看导入、新增、保存和删除等功能的操作。系统提供公共参数的统一配置管理。

  参数新增:包括参数名称、参数代码、是否数据集等属性,为否时,还需要设置数据源类型、参数类型、参数长度、参数排序、是否展示、是否可以编辑、是否需要插值等,并根据不同的数据源类型设置对应的属性;

  参数删除:同时删除该参数下的所有子级参数;

  参数修改:包括参数名称、参数代码、是否数据集等属性,为否时,还需要设置数据源类型、参数类型、参数长度、参数排序、是否展示、是否可以编辑、是否需要插值等,并根据不同的数据源类型设置对应的属性;

  参数查询:通过参数名称查找。

- 模型模板管理:定义模型模板,包含模型的初始条件、边界条件、外部函数、参数条件、输入数据和输出数据,通过拖拽左侧数据集的方式实现数据集和相应数据项的加载和添加,包括数据集和数据项的移除和删除,同时也可进行模型模板的保存、查询和重置。

3.4.2 模型运行管理系统

模型运行管理系统是太湖水质目标管理平台的核心,模型运行管理系统主要是将预处理规整后的标准化数据传入每个模型对应的计算过程中,对模型的计算结果进行可视化展示和分析,并为用户生成决策报告,提供分析比对和决策支持服务,从而遴选出最优的太湖污染削减决策方案。包含水质目标与污染排放削减管理、太湖水环境现状与评估、方案对比遴选、决策分析四个模块。

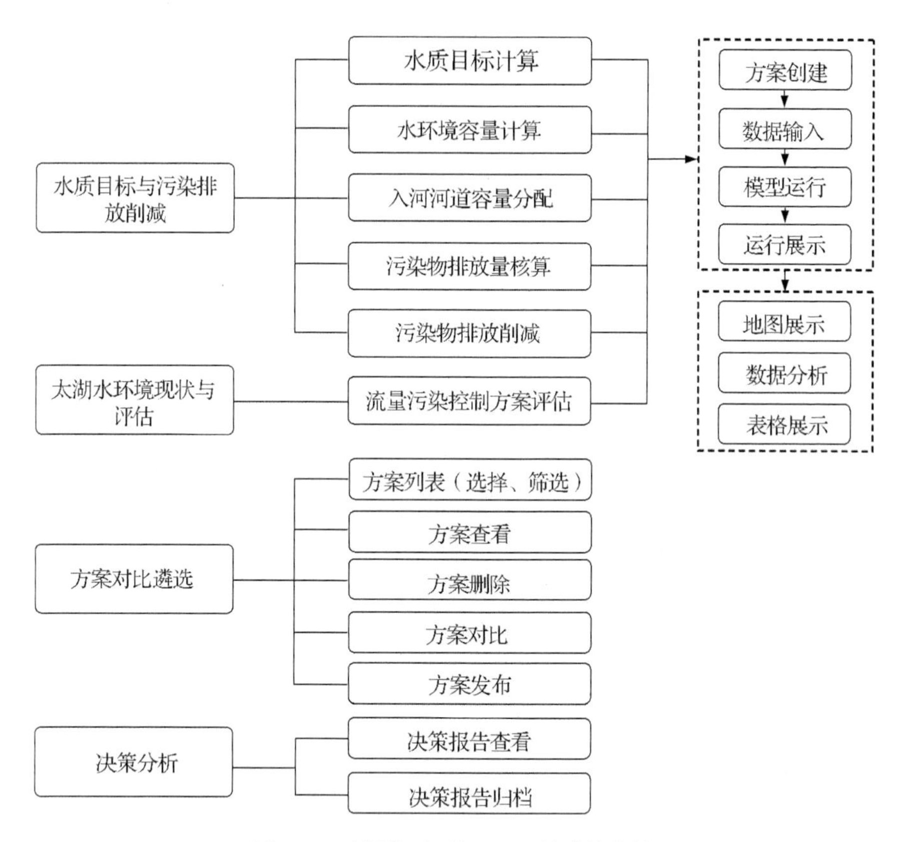

图 3-4　模型运行管理子系统功能结构

水质目标与污染排放削减管理，实现平台反算功能，基于 6 大模型的耦合联合计算，提供太湖水质目标计算、太湖水环境容量计算、入河河道容量分配、污染物排放量核算、污染物排放削减五个业务功能。其中每个业务功能的实现都包含方案创建、数据输入、模型运行和运行展示四个步骤。通过这四个步骤进行模型的计算运行，对运行结果的查看可以进行地图展示、数据分析和表格展示。

1. 方案创建

方案创建包括方案名称、计算时间、目标类型选择。

方案名称输入：可以自定义方案名称，或者打开已有的方案，考虑到模型集成逻辑，能够打开的方案仅为前一模型完成计算的方案。

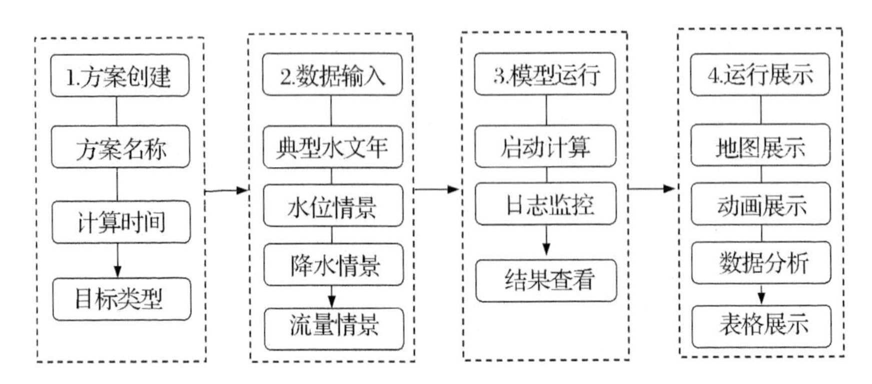

图 3-5　模型计算流程与结果展示功能图

计算时间:周期性时间,选择年、季、月;或用户可自定义时间段。

水质目标类型:提供三种类型的目标供用户选择,包括国家考核目标、动态管理目标和自定义水质目标。动态管理目标是由模型 1 计算出的目标,国家考核目标为使用国家 2015/2020 年太湖水质目标,自定义目标支持用户自定义输入总氮、总磷、氨氮、高锰酸盐指数四个指标。

2. 数据输入

提供两种气象条件,典型水文年和自定义水文气象情景;其中典型水文年的数据搜集了近 50 年历史水文气象数据,整理出丰水年、枯水年、平水年三个典型水文年的水文气象条件;自定义水文情景数据,提供水位情景、降水情景、环湖河道流量情景的选择、修改。用户选择好输入的数据,由平台自动将水文气象情景数据生成数据文件准备给模型,供模型读入;另外模型需要的水质数据、污染数据等数据源由平台直接读取业务单位数据库中数据,按照模型需要的样式生成数据文件提供给模型。

3. 模型运行

启动模型进行计算,根据选择的左侧业务功能,平台自动集成需要参与计算的模型。

太湖水质目标确定:模型一参与计算。

太湖水环境容量计算:模型一、模型二参与计算,模型二需要等到模型一计算完毕后再启动计算。

入湖河道容量分配:模型一、模型二、模型三参与计算,模型三需要等到模型二计算完毕后方启动计算。

污染物排放量核算:模型一、模型二、模型三、模型四、模型五分别依次参与计算。

污染物排放削减:模型一、模型二、模型三、模型四、模型五、模型六分别依次参与计算。

模型日志监控:每个模型计算时,显示模型计算进度和进程消息,并生成模型日志。

结果查看:所有模型计算完毕后,提供结果查看功能,链接到第四步运行展示。

4. 运行展示

模型运行展示可以分别查看方案运行的各个模型的运行结果,要求能够提供地图展示、数据分析以及表格数据展示三种方式,并能够提供必要的数据检索功能。

(1) 地图展示功能:

- 地图按不同模型的要求分别根据要求叠加不同的地理图层。

  模型一:可视图层包括基础地理、湖泊图层、太湖分区;

  模型二:可视图层包括基础地理、湖泊图层、太湖分区;

  模型三:可视图层包括基础地理、湖泊图层、太湖分区、环湖河道;

  模型四:可视图层包括基础地理、湖泊图层、太湖分区、概化河网;

  模型五:可视图层包括基础地理、湖泊图层、太湖分区、概化河网;

  模型六:可视图层包括基础地理、湖泊图层、太湖分区、概化河网、行政单元/水利功能分区单元;
- 地图缩放和定位功能。
- 地图上通过点击显示相关属性。
- 计算结果图文查询功能,地图上选中图层要素,表格中显示相应的要素结果信息,在表格中选中某一条数据记录,空间地图上相应的要素高亮显示。

计算结果展示条件过滤功能：

- 提供日历控件进行日期的选择过滤。
- 提供下拉选项，提供指标项（总氮、总磷、氨氮、高锰酸盐指数）过滤选择。
- 提供专题图渲染的图示，将指标项预设五级，定义每级颜色和对应的值域范围，对指标项按五级进行专题渲染。

计算结果数据表格功能：

- 提供模型计算结果的数据展示。
- 提供点击窗口，隐藏和展现数据表格功能。
- 提供数据条数的统计、首页、末页、上一页、下一页、跳页功能（10 条记录为一页）。
- 提供数据记录和空间地图定位对应的功能，在表格上选中数据记录，地图上数据记录的空间位置高亮显示。

计算结果动画演示功能：

- 动画设置，要求提供开始日期、结束日期、指标项（总氮、总磷、氨氮、高锰酸盐指数）的选择以及动画播放的设置按钮（开始、结束、暂定、自动）。
- 当开始进行动画演示时，数据表格将自动收起，同时显示时间轴，时间轴每一小格为模型计算结果显示的时间步长（天/月），且动画时间对应。通过点击时间轴，地图上渲染该时间的相应指标。
- 点击动画播放的自动按钮，动画按照时间轴顺序自行展示，呈现动态效果。

（2）数据分析：

主要包括对每个模型计算结果以柱状图、折线图及饼图等的一种显示方式，左侧为图表显示区域，右侧为条件选择区域，每个模型计算结果不同，统计分析页面也不同。

模型一：太湖 8 个分区四个指标项的时间序列的水质目标计算结果（总氮、总磷、氨氮、高锰酸盐指数）以柱状图显示；提供对绘图区框选区域的放大、缩小和还原；对太湖8个分区的显示可控；提供按照时间对计算结果的筛选统计；增加全湖平均计算的水质目标和国家2020年考核目标的对比。

模型二：太湖8个分区四个指标项的时间序列的水环境容量计算结果（总氮、总磷、氨氮、高锰酸盐指数）以柱状图显示；提供对绘图区框选区域的放大、缩小和还原；对太湖8个分区的显示可控；提供按照时间对计算结果的筛选统计；增加全湖平均计算的水环境容量的对比。

模型三：太湖65条环湖河道四个指标项的时间序列的水环境容量计算结果（总氮、总磷、氨氮、高锰酸盐指数），提供按照时间对计算结果的筛选统计以及提供对23条河道的筛选，通过复选框罗列23条河道名称供用户选择，用户选中的河道进行计算结果（污染负荷数量、削减量）以柱状图进行统计显示；提供对绘图区框选区域的放大、缩小和还原；提供模型计算的河道污染负荷输入量和苏浙沪2015/2020河道污染总量控制目标的对比。

模型四：流域1 873条概化河段四个指标项（总氮、总磷、氨氮、高锰酸盐指数）的时间序列的污染衰减系数变化情况以柱状图显示；提供对绘图区框选区域的放大、缩小和还原；提供按照时间对计算结果的筛选统计。

模型五：流域1 873条概化河段四个指标项（总氮、总磷、氨氮、高锰酸盐指数）的时间序列的污染负荷量、削减量以柱状图显示；提供对绘图区框选区域的放大、缩小和还原；提供按照时间对计算结果的筛选统计。

模型六：提供按照行政单元、水功能区划、省/市/县行政区域、计算时间对流域污染削减（总氮、总磷、氨氮、高锰酸盐指数）的计算结果进行筛选，以柱状图的形式进行统计显示；提供对绘图区框选区域的放大、缩小和还原。

(3) 表格展示：

以表格的形式罗列各个模型的计算结果，提供分页选项卡的分页功能（条数/页数统计，首页、末页、上一页、下一页、跳页），提供按照计算时间、名称的筛选以及对筛选条件的重置。

太湖水环境现状与评估，实现平台正算功能，基于模型四和模型七的耦合计算，实现流域污染源迁移和河道流量调整对太湖水质的影响。同水质目标与污染排放削减管理模块，每个业务功能的实现都包含方案创建、数据输入、模型运行和运行展示四个步骤。通过这四个步骤进行模型的计算运行，对运行结果的查看可以进行地图展示、数据分析和表格展示。

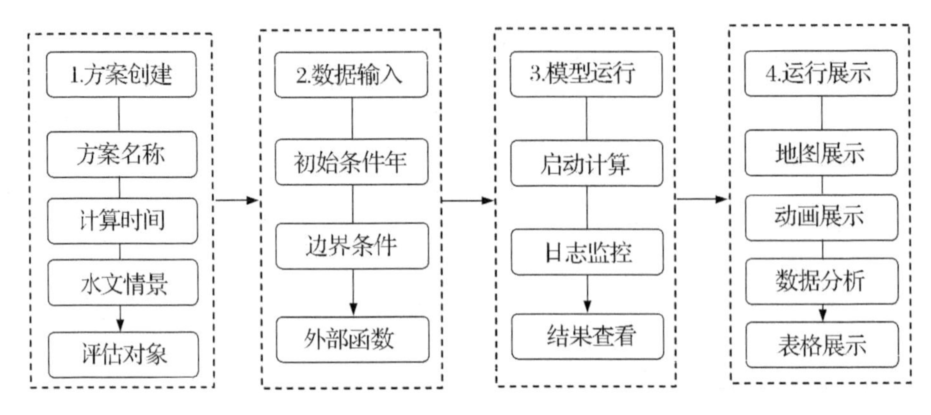

图 3－6　模型计算流程与结果展示功能图

1. 方案创建

包括方案名称、计算时间、水文情景、评估对象选择。

方案名称输入：可以自定义方案名称；

计算时间：用户可自定义时间段；

水文情景：用户可选择丰水年、枯水年、平水平三个典型水文年；

评估对象选择：提供对评估对象的选择，河网水质变化或湖泊水质变化；

2. 数据输入

提供对初始条件、边界条件、外部函数数据的输入。

初始条件包含对污染源点源数据的启用、禁用，环湖河道入湖节点水质的修改和重置，湖体水质数据的修改和重置；

边界条件包括对环湖河道每个节点流量数据的修改、重置，环湖河道水质数据的修改、重置，流域河网节点边界水质的修改、重置，河道水温数据的录入、修改和保存；

外部函数包括湖体气象数据的过滤查询、更新和重置，流域气象辐射风场数据的过滤查询、更新和重置，流域河道降解系数的修改、保存和重置，环湖河道降解系数的修改、保存和重置。

3. 模型运行

启动模型进行计算，根据选择的评估对象，平台自动集成需要参与计算的模型。

评估河网：模型四参与计算；

评估湖泊：模型四、模型七参与计算，模型四首先启动计算，计算完毕后再启动模型七进行计算等

模型日志监控：每个模型计算时，显示模型计算进度和进程消息，并生成模型日志；

结果查看：所有模型计算完毕后，提供结果查看功能，链接到第四步运行展示。

4. 运行展示

模型运行展示可以查看方案运行的各个模型的运行结果，要求能够提供地图展示、数据分析以及表格数据展示三种方式，并能够提供必要的数据检索功能。

(1) 地图展示功能：

可视图层包括基础地理、湖泊图层、太湖分区、概化河网；

其他功能同水质目标与污染排放削减管理模块。

(2) 数据分析：

主要包括对河网湖泊评估计算结果的统计分析。

河网评估：对流域 23 条主要河道进行统计分析，提供时间和 23 条主要河道的筛选，以柱状图统计选中河道时间序列上四个指标项(总氮、总磷、氨氮、高锰酸盐指数)的运算结果；对每条河道提供限排量的对比；提供对绘图区框选区域的放大、缩小和还原；统计图上对河道的可视控制。

湖泊评估：太湖 8 个分区四个指标项(总氮、总磷、氨氮、高锰酸盐指数)的时间序列的水环境评估结果以柱状图显示；提供对绘图区框选区域的放大、缩小和还原；对太湖 8 个分区的显示可控；提供按照时间对计算结果的筛选统计。

(3) 表格展示：

以分项卡内嵌套表格的形式罗列河网评估结果和湖泊评估结果，提供分页

选项卡的分页功能(条数/页数统计,首页、末页、上一页、下一页、跳页),提供按照计算时间、名称的筛选以及对筛选条件的重置。

方案比对遴选

通过直观的图形方式展示在不同边界条件下方案运行结果的差异,为用户提供方案遴选的参考。包含我的方案和所有方案,我的方案是指当前用户所计算完成的方案,完成的方案是指系统中所有用户包含当前用户计算完成的方案。我的方案和所有方案主要功能包括方案列表、方案筛选、方案查看、方案删除、方案对比、方案发布。

方案列表:以表格形式罗列所有计算完成的方案,提供方案列表的分页功能;

方案筛选:提供按照目标类型、方案名称模糊匹配进行方案的筛选;

方案查看:查看方案的计算结果,包含水质目标计算结果、水环境容量计算、入湖河道容量分配、污染物排放量核算、污染物排放削减计算结果的地图展示、数据分析和表格展示。

方案删除:根据方案名称删除当前方案;

方案对比:提供在方案列表中勾选 2 个方案进行方案的对比分析(所选中的 2 个方案仅为同一种计算目标),将每个方案的计算结果进行比对;

方案发布:经过方案对比分析后,遴选出最优的方案进行决策报告的发布,定制水质目标管理决策报告的年度、季度和月度的模板,进行相应数据值、数据表格和图形图件的填充。

4. 决策分析报告

将发布后的方案,即决策分析报告主要提供待发布的决策报告的发布以及已归档报告的查看。

待发布决策报告要求用列表的方式只显示由当前用户创建的待发布报告;已归档报告要求以树形的方式,按方案年进行分组,分别列出年度、季度、月度的已发布的决策分析报告。

3.5 模型集成设计

利用DLL插件式模型集成技术，对太湖水质目标管理涉及的多维模型统一的模型数据规范、模型集成系统文件规约、模型数据文件格式规约等标准规范，实现多维异构模型的标准化集成，并进行耦合运算，实现特定水质目标下基于空间地理单元（行政区划、水功能区等）的太湖流域污染物的削减计算反算功能和太湖流域污染物及水环境变化对太湖湖体水质的影响计算的正算功能。

3.5.1 模型集成方式设计

太湖水质目标管理涉及太湖水质目标模型、湖泊目标水质容量模型、河道入湖污染物削减分配模型、平原区河网污染物质输移模型、河网污染物通量追溯模型、污染通量削减空间分配优化模型、太湖水环境评估模型等多个模型。针对模型间存在数据多源、尺度多维、构造各异、研发独立、难以进行联合计算的问题，利用模型DLL插件式集成技术，确定了开发接口（API），页面集成接口（Http）、服务接口（Web Service）等模型集成标准化接口与文件规约，并研制了模型集成模版的可视化自定义配置方法，实现了模型间的无缝衔接与耦合计算。

模型集成设计要求：

模型接口标准采用插件化驱动引擎进行设计，同时对模型的编译环境、模型提供方式、模型目录规约以及参数传递方式、输出类型等进行了定义。主要包括插件框架、插件契约及插件组件三部分组成。

插件框架：组织和管理系统插件的下载、装载、组合、实例化以及销毁，并提供完整的与后台服务通信的操作接口等。

插件契约（服务）：插件契约以服务接口的形式存在，系统的所有插件全部通过实现系统框架统一的接口规范，能够有效地组织、管理插件对象。

插件组件：插件组件为具体的插件程序，实现了插件契约服务的一个独立的程序（图3-7/图3-8）。

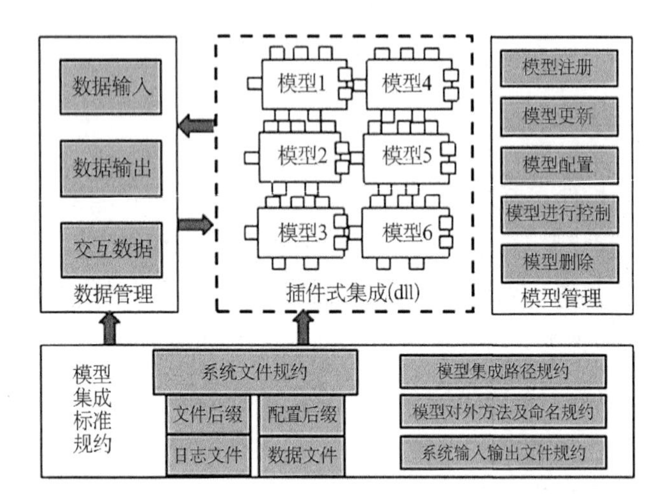

图 3－7　插件式集成

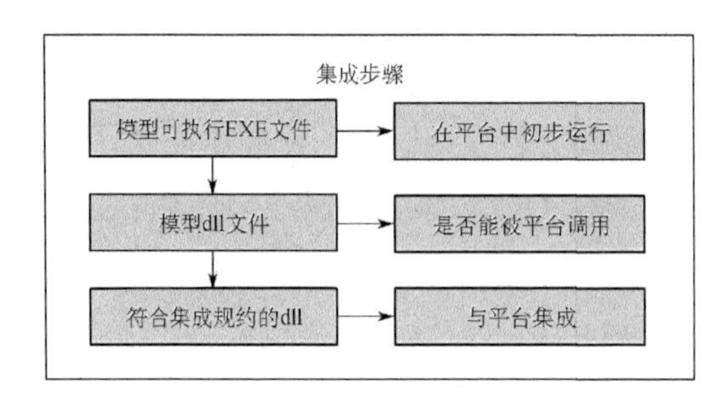

图 3－8　模型集成步骤

3.5.2　模型应用计算流程

每个模型文件由 Fortran 语言编写，用 C# 语言导入并编译为 dll 文件。模型耦合运算时，模型输入数据以文件的方式和其他模型的 dll 文件进行交互，同时通过模型 dll 定义的接口将运行状态返回，由模型运行管理系统进行记录。由于模型运行时需要大量的输入数据，并且部分数据需要进行手工设置和插值操作等前处理，因此系统会记录每次运行的时态，即调整后的输入参数和输出结果，以便匹配某次输入过程的时候直接进行输出。

1. 单个模型计算流程说明

每个模型应用处理流程，包含用户接口、输入文件、计算引擎和输出文件四个部分。平台系统通过用户接口，驱动模型的计算引擎进行计算，同时为模型写入输入文件供计算引擎使用，计算引擎将计算完的结果写入模型输出文件，提供给外部系统使用。

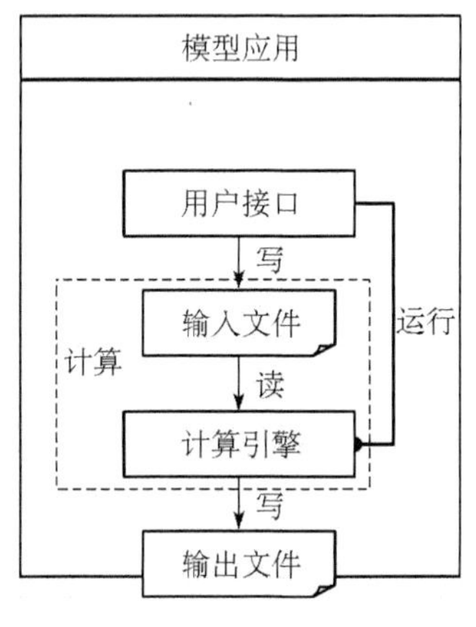

图 3-9　模型处理流程

2. 多模型耦合计算交互

多个模型通过各自的计算引擎进行数据的读写调用。

在明确模型的运行文件、处理方式的基础上，完成了模型核心插件框架、模型插件示例、模型引擎常规数据获取、模型日志文件输出、模型插值算法以及模型支撑服务中异常情况处理等支撑服务以及模型运行管理核心服务的研发与代码编写(图 3-10)。

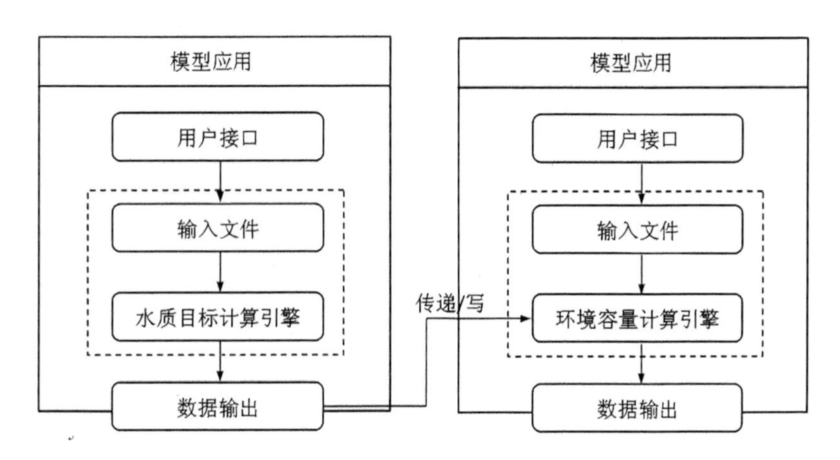

图 3-10　模型耦合计算交互流程

3.5.3 模型集成技术规范

为保证平台与模型集成运行效率，采用本地插件式 dll 的方式，平台与模型之间进行通信，提高数据之间传输效率。因此，制订平台《系统文件规约》，对平台中各模型的文件类型、数据文件命名与内容、模型方法命名及要求等进行了统一要求。

3.5.3.1 系统文件规约

太湖水质目标管理平台涉及的系统文件主要包括平台系统级文件、模型级文件以及相应的数据库文件。

系统级文件主要包括平台总体运行的服务器端发布的应用程序文件、系统级配置文件等。

模型级文件主要包括用于模型计算的程序文件、模型计算所需输入参数文件、运算中的过程文件、输出文件等。

数据库文件的相关规约将在数据库设计文档中具体说明。

系统文件规约主要包括文件后缀的命名要求、文件命名要求、文件内容要求以及文件路径要求。

文件后缀的命名要求：

(1) gs\ctl\gmf\grd\bat 等仅用于模型内部运算的文件，且依赖第三方软件使用的文件，可以保留原文件后缀格式。

(2) gif\JPG\PNG 等图片类文件，可以保留原文件后缀格式。

(3) xls\xlsx 等标准的格式化文件，可以保留原文件后缀格式。

(4) 所有用于描述模型运行环境类的文件必须以“. config”为后缀。

(5) 所有日志类的文件必须以“. log”为后缀。

(6) 所有计算过程中产生的临时文件，必须以“. tmp”为后缀(要求各模型运算完成后必须自行删除)。

(7) 所有数据类的文件必须以“. dat”为后缀。包括初始条件、初始参数、外部条件、部分边界条件以及输入数据、输出数据。

3.5.3.2　配置文件要求

(1) 命名要求

◇ 配置文件按使用级别分为系统级、模型级两种。

◇ 系统级配置文件是记录整个系统的全局基础参数的文件，模型级配置文件是为保证模型运行，各模型所需的独立的参数配置文件。

◇ 系统级配置文件命名为“S_”＋配置文件类型＋“. config”，如数据库连接配置文件，命名为“S_DBCONN. config”。

◇ 模型级配置文件命名为“M_”＋配置文件类型＋“. config”。

(2) 内容规约

◇ 配置文件内容包括由文件描述内容、文件数据内容两部分组成。

◇ 文件描述内容以“ * ”行开始，以“ * ”行结束。

◇ 文件数据内容包括说明以及数据，说明以“//”开头，内容以“键值对”的方式表示：“键”＋“＝”＋“值”。示例文件如下：

```
*********************************************************************
Author：×××××
Version：××××
Date：××××－××－××
Description：××××××××××××××
*********************************************************************
//太湖格网 X 方向行数
X_ROWS＝69
//太湖格网 Y 方向列数
Y_COLUMNS＝69
//太湖 Z 方向层数
Z_LAYERS＝6
```

3.5.3.3　日志文件规约

(1) 命名要求

◇ 日志文件按使用级别分为系统级、模型级两种。

◇ 系统级日志文件是记录整个系统的全局运行日志的文件，模型级配置文件是记录各模型运行日志的文件。

◇ 系统级日志文件命名为“S_”＋时间（YYYYMMDD）＋“. log”，如 S_20141012. log。

◇ 模型级日志文件命名为每次模型开始运行时的系统时间的时间戳，格式为 yyyyMMddhhmmss. log，如 20141012190259. log。

（2）内容规约

◇ 日志文件内容主要包括时间、事件类型、事件描述三部分。分别以半角空格分割。

◇ 系统级日志文件事件类型包括 ADD、UPDATE、DELETE、LOGIN、LOGOUT、IMPORT、EXPORT、CONFIG 等。

◇ 模型级日志文件事件类型包括 INITIAL、START、PROCESS、FINISH、OUTPUT 等。

3.5.3.4　模型数据文件要求

（1）命名要求

◇ 数据文件以英文简写＋“. dat”格式命名。

◇ 英文简写参考《字典名称中英文对照表》。

（2）内容规约

◇ 数据文件由描述内容、数据内容两部分组成。

◇ 文件描述内容以“ * ”行开始，以“ * ”行结束，主要包括文件说明以及参数说明。

◇ 文件数据内容包括 2 种格式，行格式以及数组格式。

◇ 对于湖体网格相关的数据显示时，要求非湖体区域的值统一定义为 999。

◇ 对于格式数据中的空值统一定义为 null。

◇ 对于时间格式要求：日期为 yyyy－MM－dd，时间为 yyyy－MM－dd hh:mm:ss 或 yyyy－MM－dd hh:mm（通常状况下，将日期/时间做为第一列）。

◇ 行格式，第一行为参数，从第二行开始为数据，列与列之间以半角空格分割，示例如下：

****

Date：时间

TP：总磷

TN：总氮

COD：化学需氧量

****

Date TP TN COD

2014—10—12 20 15 0.7

2014—10—14 17 14 0.8

3.5.3.5　模型集成文件路径规约

文件路径示例如下：

```
root:.
├—config //系统级配置文件
│ ├—model_1//模型级配置文件
│ ├—model_2
│ ├—model_3
│ ├—model_4
│ ├—model_5
│ └—model_6
├—log //系统级日志
│ ├—model_1//模型级日志
│ ├—model_2
│ ├—model_3
│ ├—model_4
│ ├—model_5
│ └—model_6
```

```
└─schemes
└─scheme_name        //方案路径,系统自动生成
├─model_1
│ ├─input        //输入文件位置
│ ├─output       //输出文件位置
│ └─tmp          //临时文件位置
├─model_2
│ ├─input
│ ├─output
│ └─tmp
├─model_3
│ ├─input
│ ├─output
│ └─tmp
├─model_4
│ ├─input
│ ├─output
│ └─tmp
├─model_5
│ ├─input
│ ├─output
│ └─tmp
└─model_6
├─input
├─output
└─tmp
```

3.5.3.6　模型集成目录规约

为太湖水质目标管理平台模型能够更好地集成，对模型的目录结构、模型方案计算时的文件目录、模型内部文件目录结构等均做了统一约定。

模型集成文件 DLL 在平台中配置的目录层次结构规约(表 3 - 1、表 3 - 2、表 3 - 3)：

表 3 - 1　模型集成文件 DLL 在平台配置的目录层次结构规约说明

模　型	说　明
ModelInface	模型接口主目录
ModelInface/Model1	模型 1 目录
ModelInface/Model2	模型 2 目录
ModelInface/ModelX	模型 X 目录

模型计算场景在平台中目录层次结构规约：

表 3 - 2　模型场景目录层次结构规约

模　型	说　明
Scene	目标场景目录
Scene_20140625×××	目标场景子目录(按平台水质目标场景进行自动产生)
Scene_20140625×××/Model1	模型 1
Scene_20140625×××/Model2	模型 2
Scene_20140625×××/ModelX	模型 X

各模型自身目录层次统一规约：

表 3 - 3　各模型目录层次统一规约说明

模　型	说　明
Config	模型配置目录，存放模型配置文件、参数文件、边界文件等
Config/ Boundary	地理边界数据
Config/ Parameter	参数文件
Config/Init	模型初始配置文件

（续表）

模　型	说　明
Config/ Control	模型运行控制文件，包括模型之间的输入、输出关系
Initial	模型初始数据目录，存放模型初始数据
Outer	模型外部过程文件目录
Outer/ ×××	模型不同类别下的过程文件数据
Output	模型结果输出目录
Output/ Process	模型中间过程结果输出目录
Output/Final	模型最终结果输出目录

不同的模型根据主目录规范结构及模型实际情况定义子级目录结构。

各模型在以上系统规约基础上，对各个模型进行反复调试和修改，实现模型的标准化集成(图 3－11)。

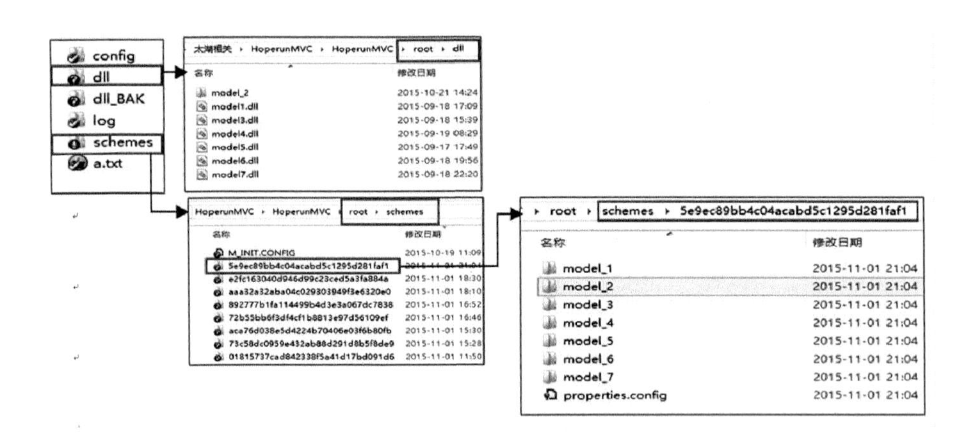

图 3－11　各模型输入输出路径及名称标准化

3.5.3.7　模型输入输出文件规约

平台对各模型通用的输入输出数据的格式与内容做出约定，包括字段格式、时间分辨率、字段量纲等。

表 3－4　模型输入输出数据文件清单

<table>
<tr><th>模型名称</th><th>公共基础数据</th><th>输入文件名称</th><th>输出文件名称</th></tr>
<tr><td>模型一</td><td rowspan="6">● 格网坐标数据
● 气象辐射风场逐时数据
● 气象风场数据
● 湖体水质月数据—常用
● 湖体水质月数据—生物
● 入湖水质日数据—常用
● 湖体气象日数据
● 出入湖流量数据
● 河道基础数据</td><td>● 入湖流量情景
● 水位情景数据</td><td>● 太湖水质目标数据</td></tr>
<tr><td>模型二</td><td>● 太湖水质目标数据</td><td>● COD 环境容量数据
● TP 环境容量数据
● TN 环境容量数据
● NH_3N 环境容量数据</td></tr>
<tr><td>模型三</td><td>● COD 环境容量数据
● TP 环境容量数据
● TN 环境容量数据
● NH_3N 环境容量数据</td><td>● 入湖浓度削减量数据</td></tr>
<tr><td>模型四</td><td></td><td>● 流域水质及流量数据</td></tr>
<tr><td>模型五</td><td>● 流域水质及流量数据</td><td>● 流域河道污染排通量</td></tr>
<tr><td>模型六</td><td>● 入湖浓度削减量数据
● 流域河道污染排放通量</td><td>● 行政单元污染削减量数据
● 水功能区污染削减量数据
● 控制单元污染削减量数据</td></tr>
</table>

（1）格网坐标数据

\root\config\configgrids_location.dat

```
****************************************************************
COL_NUM:列号
ROW_NUM:行号
LGTD:经度
LTTD:纬度
WQCD:水质分区编号
****************************************************************
COL_    NUM    ROW_NUM       LGTD          LTTDWQCD
0       0      119.895158    30.935322     999
```

1	0	119.905518	30.935322	999
2	0	119.915878	30.935322	999
3	0	119.926237	30.935322	999
4	0	119.936597	30.935322	999
5	0	119.946957	30.935322	999
6	0	119.957317	30.935322	999

(2) 气象辐射风场逐时数据

\root\schemes\scheme_name\METE_RADI_WIND.dat

METE_RADI_WIND.dat:(气象辐射风场逐时数据)

****

YR:年份

MNTH:月份

DAY:日期

TIME:时间

RADI:辐射

WNDV:风速

WNDDIR:风向

****

YD MNTH DAY TIME RADI WNDV WNDDIR

1950 1 2 2:00 0.89

(3) 气象风场数据

\root\schemes\scheme_name\METE_WIND.dat

METE_WIND.dat(气象风场数据)

****

STCD:测站编码

STNM:测站名称

YR:年份

MNTH:月份

DAY:日期

TIME:时间

WNDV:风速

WNDDIR:风向

WNDL:风级

****

STCD STNM YD MNTH DAY TIME WNDV WNDDIR WNDL

0001 贡湖 1950 1 2 14:05 2 2 2

(4) 湖体水质月数据

\root\schemes\scheme_name\WQT_LAKE_M.dat

WQT_LAKE_M.dat(湖体水质月数据)

****

STCD:测站编码

STNM:测站名称

LGTD:经度

LTTD:纬度

YR:年份

MNTH:月份

DAY:日期

TP:总磷

TN:总氮

NH_3N:氨氮

COD:化学需氧量

NO_3:硝酸盐氮

PO_4:溶解性磷酸盐

DOX:溶解氧

PH:酸碱度

SS:悬浮物

WTMP:水温

****

STCD STNM LGTD LTTD YR MNTH TP TN NH_3N COD NO_3 PO_4 DOX PH SS WTMP

(5) 湖体生物月监测数据

\root\schemes\scheme_name\WQT_LAKE_M_2.dat

WQT_LAKE_M_2.dat(湖体生物月监测数据)

****

STCD:测站编码

STNM:测站名称

LGTD:经度

LTTD:纬度

YR:年份

MNTH:月份

ND:碎屑氮

NP:浮游植物氮

NZ:浮游动物氮

PP:浮游植物磷

PZ:浮游动物磷

PD:碎屑磷

****

STCD STNM LGTD LTTD YR MNTH ND NP NZ PP PZ PD

(6) 入湖水质日数据

\root\schemes\scheme_name\WQT_RIVER_D.dat

WQT_RIVER_D.dat(入湖水质日数据)

****

STCD:测站编码

STNM:测站名称

LGTD:经度

LTTD:纬度

YR:年份

MNTH:月份

DAY:日期

TP:总磷

TN:总氮

NH_3N:氨氮

COD:化学需氧量

NO_3:硝酸盐氮

PO_4:溶解性磷酸盐

DOX:溶解氧

PH:酸碱度

SS:悬浮物

WTMP:水温

CHLA:叶绿素 a

****

STCD STNM LGTD LTTD YR MNTH TP TN NH_3N COD NO_3 PO_4 DOX PH SS WTMP CHLA

(7) 湖体气象日数据

\root\schemes\scheme_name\METE_LAKE_D.dat

METE_LAKE_D.dat(湖体气象日数据)

****

YR:年份

MNTH:月份

DAY:日期

ATMP:气温

WTMP:水温

AIRP:气压

EF:蒸发

PRCP:降水

WL:水位

RADI:辐射

REL_HUM:相对湿度

WNDV:风速

WNDDIR:风向

****

YD MNTH DAY ATMP WTMP EF PRCP WL RADI REL_HUM WNDV WNDDIR

(8) 出入湖流量数据

\root\schemes\scheme_name\FLOW_RIVER_D.dat

FLOW_RIVER_D.dat(如入湖流量或出湖流量为空标记为 NULL)

****

RCD:河道编号

YR:年份

MNTH:月份

DAY:日期

OTQ:出湖流量

INQ:入湖流量

****

RCD YR MNTH DAY OTQ INQ

001 1950 1 2 20 10 11.491 NULL

001 1950 1 2 22 10 NULL 8.669

(9) 河道基础数据

\root\schemes\scheme_name\RIVER_INFO.dat

****

RC:河道编号

COL_NUM:列号(入湖口)

ROW_NUM:行号(入湖口)

LGTD:经度

LTTD:纬度

INFLOW_ANG:入湖角度 360 度

****

RC　COL_NUM　ROW_NUM　LGTD LTTD　INFLOW_ANG

00010 0　119.895158 30.935322　270

(10) 入湖流量情景

\root\schemes\scheme_name\model_1\input\sce_inf.DAT

****

RCD:河段编码

MNTH:月份

MIN:最小

MAX:最大

AVG:平均

P_2:2%

P_5:5%

P_{10}:10%

P_{25}:25%

P_{40}:40%

P_{50}:50%

P_{60}:60%

P_{70}:70%

P_{75}:75%

P_{80}:80%

P_{85}:85%

****

RCD MNTH MIN MAXAVG P_2 P_5 P_{10} P_{25} P_{40} P_{50} P_{60} P_{70} P_{75} P_{80} P_{85}

(11) 水位情景数据

\root\schemes\scheme_name\model_1\input\sce_wat_lev.dat

****

MNTH:月份

MIN:最小

MAX:最大

AVG:平均

P_2:2%

P_5:5%

P_{10}:10%

P_{25}:25%

P_{40}:40%

P_{50}:50%

P_{60}:60%

P_{70}:70%

P_{75}:75%

P_{80}:80%

P_{85}:85%

****

MNTH MINMAXAVG P_2 P_5 P_{10} P_{25} P_{40} P_{50} P_{60} P_{70} P_{75} P_{80} P_{85}

(12) 太湖水质目标数据

\root\schemes\scheme_name\model_1\output\WQT_TARGET_LAKE.DAT

****

WQCD:水质分区编号

TP:总磷

TN:总氮

NH_3N:氨氮

COD:化学需氧量

DOX:溶解氧

****

WQCD TP TN NH_3N COD DOX

(13) COD环境容量数据

\root\schemes\scheme_name\model_2\output\EC_COD.dat

****

YR:年份

MNTH:月份

DAY:日期

WQCD:水质分区编号

COD:化学需氧量

****

YR MNTH DAY WQCD COD

(14) TP环境容量数据

\root\schemes\scheme_name\model_2\output\EC_TP.dat

****

YR:年份

MNTH:月份

DAY:日期

WQCD:水质分区编号

TP:总磷

****

YR MNTH DAY WQCD TP

(15) TN环境容量数据

\root\schemes\scheme_name\model_2\output\EC_TN.dat

****

YR:年份

MNTH:月份

DAY:日期

WQCD:水质分区编号

TN:总氮

****

YR MNTH DAY WQCD TN

(16) NH_3N 环境容量数据

\root\schemes\scheme_name\model_2\output\EC_ NH_3N.dat

****

YR:年份

MNTH:月份

DAY:日期

WQCD:水质分区编号

NH_3N:氨氮

****

YR MNTH DAY WQCD NH_3N

(17) 入湖浓度削减量数据

\root\schemes\scheme_name\model_3\output\ RIVERCUT.dat

****

YR:年份

MNTH:月份

RC:河道编号

RNM:河道名称

TN_INPUT:入湖总氮

TP_INPUT:入湖总磷

NH_3N_INPUT:入湖氨氮

COD_INPUT:入湖化学需氧量

TN_CUT:总氮削减量

TP_CUT:总磷削减量

NH_3N_CUT:氨氮削减量

COD_CUT:化学需氧量削减量

****

YR MNTH RC RNM TN_INPUT TP_INPUT NH_3N_INPUT COD_INPUT TN_CUT TP_CUT NH_3N_CUT COD_CUT

(18) 流域水质及流量数据

\root\schemes\scheme_name\model_4\output\ WQ_RIVER_M.dat

****

YR:年份

MNTH:月份

RCD:河道编号

BOD:生化需氧量

COD: 化学需氧量

NH_3N:氨氮

DOX:溶解氧

TP: 总磷

TN: 总氮

****

YR MNTH RCD BOD COD NH_3N DOX TP TN

(19) 流域河道污染排放通量

\root\schemes\scheme_name\model_5\output\ SECTOR_RESULT.dat

****

RCD:河段编号

YR:年份

MNTH:月份

RCOD: 化学需氧量排放通量

RTN: 总氮排放通量

RTP: 总磷排放通量

RNH_3N：　　　　氨氮排放通量

****

SECTOR DATE RCOD RTN RTP RNH_3N

（20）行政单元污染削减量数据

\root\schemes\scheme_name\model_6\output\ WA_CUT_ADDVCD.DAT

****

ADDVCD：行政单元

YR：年份

MNTH：月份

RCOD：　　　　化学需氧量削减量

RTN：　　　　总氮削减量

RTP：　　　　总磷削减量

RNH_3N：　　　　氨氮削减量

****

ADDVCD YR MNTH RCOD RTN RTP RNH_3N

（21）水功能区污染削减量数据

\root\schemes\scheme_name\model_6\output\ WA_CUT_ WFRCD.DAT

****

WFRCD：水功能区

YR：年份

MNTH：月份

RCOD：　　　　化学需氧量削减量

RTN：　　　　总氮削减量

RTP：　　　　总磷削减量

RNH_3N：　　　　氨氮削减量

****

WFRCD YR MNTH RCOD RTN RTP RNH_3N

(22) 控制单元污染削减量数据

\root\schemes\scheme_name\model_6\output\ WA_CUT_ ZONE.DAT

****

ZONE:控制单元

YR:年份

MNTH:月份

RCOD: 化学需氧量削减量

RTN: 总氮削减量

RTP: 总磷削减量

RNH_3N: 氨氮削减量

****

CU YR MNTH RCOD RTN RTP RNH_3N

3.5.3.8 模型集成接口设计

C# 驱动程序是C#语言开发的一套用来监控模型运行状态、配置模型参数、启停模型的程序,其中,通过C#的托管机制调用由Fortran编写的模型动态链接库,对模型的启停进行控制。通过C#的进程控制监控模型的运行状态,通过C#中对文件的操作,为模型运行和数据交换服务(表3-5至表3-12)。

具体可以详细分为以下几个模块:模型配置、进程监控、模型启停。

表3-5 模型配置功能及方法

功能点	方 法	描 述
配置文件读取	ReadParamFile	读取模型配置文件,并通过 Web Service 接口反馈给平台
写参数输入文件	WriteParamFile	通过平台传入的模型运行参数,为模型运行生成需要的参数文件
结果文件读取	ReadResultFile	读取模型结果文件,按照 Json 格式封装后,通过 Web Service 接口传递给平台使用

表 3-6 进程监控功能及方法

功能点	方 法	描 述
进程监控	Trycatch	通过C#异常捕捉机制，对于进程中模型的运行状态进行监控。在模型运行正常终止或者异常结束时能够给出处理步骤
监控信息录入	WriteMonitorInfo	通过与Oracle交互，记录每次模型运行的起始时间，操作人，运行时间，运行状态等信息。为平台提供有迹可查的模型运行信息

表 3-7 模型启停功能及方法

功能点	方 法	描 述
模型导入	DllImPort[“dllName”]	通过C#托管机制调用模型的动态链接库，将模型信息导入C#中
模型启动	StartProcess	通过C# Process库调用模型动态链接库中的运行方法，驱动模型开始计算
模型结束	EndProcess	通过C# Process库强制结束模型的运行过程，但会产生不可预计的错误。该操作只在必须且不得不终止模型运行时被调用

表 3-8 模型进度数据接口

接口定义	接口说明
STEPNUMBER()	模型中的进度输出接口
processInfo()	模型调度中获取模型进度输出的接口
getProcessInfo()	Webservice中输出模型进度的接口

各模型对外方法统一规约：

表 3-9 各模型对外方法统一规约

模型步骤	说 明
Initialize	模型初始化方法，负责模型输入数据、参数等信息的初始化工作
Step	模型计算执行方法
Uninitialize	模型计算完毕资源回收方法

模型参数传递方式：

表 3-10 模型集成参数传递方式

Fortran	C#
传值(Pass by value)	值类型(Value Type)
传参(Pass by reference)	引用类型(Reference Type)

表 3-11 模型参数传递方式(文件)

模 型	说 明
Config	模型配置目录,存放模型配置文件、参数文件、边界文件等
Config/ Boundary	地理边界数据
Config/ Parameter	参数文件
Config/Init	模型初始配置文件
Config/ Control	模型运行控制文件,包括模型之间的输入、输出关系
Initial	模型初始数据目录,存放模型初始数据。
Outer	模型外部过程文件目录
Outer/ ×××	模型不同类别下的过程文件数据
Output	模型结果输出目录
Output/ Process	模型中间过程结果输出目录
Output/Final	模型最终结果输出目录

表 3-12 模型集成输出说明

输出类型	说 明
中间结果输出	Fortran DLL 以 ProgressCallBack 方式返回同步计算数据
最终结果输出	模型接口以文件形式输出结果数据

在统一各个模型输入输出、模型配置、数据交换接口的基础上,定义模型集成 WebGIS 服务接口与平台进行业务数据交互,通过平台传递指定格式的参数,由模型集成服务进行解析,并催动相应的模型,计算完成后将数据传递给模型(表 3-13)。

表 3－13　地图服务接口规范

图层序号	服务说明	是否可编辑	要素文件类型	数据库表名	MapServer	FeatureServer
1	入湖口	是	数据库	G_RHK	/HBDH/EF/MapServer/0	/HBDH/EF/FeatureServer/0
2	太湖气象站点	是	数据库	G_THQXZ	/HBDH/EF/MapServer/1	/HBDH/EF/FeatureServer/1
3	太湖水质站点	是	数据库	G_THSZZ	/HBDH/EF/MapServer/2	/HBDH/EF/FeatureServer/2
4	长江、钱塘江	否	SHP		/HBDH/SHPF/MapServer/0	
5	省界	否	SHP		/HBDH/SHPF/MapServer/1	
6	太湖网格点	否	数据库	G_THWG_P	/HBDH/DEF/MapServer/0	
7	太湖网络线	否	数据库	G_THWG_L	/HBDH/DEF/MapServer/1	
8	太湖湖体分区	是	数据库	G_THFQ	/HBDH/EF/MapServer/3	/HBDH/EF/FeatureServer/3
9	流域河网概化	是	数据库	G_HWGH	/HBDH/EF/MapServer/4	/HBDH/EF/FeatureServer/4
10	水功能一级区_线	是	数据库	G_THLYYJQ_L	/HBDH/EF/MapServer/5	/HBDH/EF/FeatureServer/5
11	水功能二级区_线	是	数据库	G_THLYEJQ_L	/HBDH/EF/MapServer/6	/HBDH/EF/FeatureServer/6
12	水功能一级区_面	是	数据库	G_THLYYJQ_P	/HBDH/EF/MapServer/7	/HBDH/EF/FeatureServer/7
13	水功能二级区_面	是	数据库	G_THLYEJQ_P	/HBDH/EF/MapServer/8	/HBDH/EF/FeatureServer/8
14	流域居民地	是	数据库	G_JMD	/HBDH/EF/MapServer/9	/HBDH/EF/FeatureServer/9
15	流域湖泊	否	数据库	G_HUPO	/HBDH/DEF/MapServer/2	
16	国道	否	SHP		/HBDH/SHPF/MapServer/2	

（续表）

图层序号	服务说明	是否可编辑	要素文件类型	数据库表名	MapServer	FeatureServer
17	省道	否	SHP		/HBDH/SHPF/MapServer/3	
18	乡镇	否	数据库	G_XIANGZHEN	/HBDH/DEF/MapServer/3	
19	湖体水深	否	栅格数据		/HBDH/SHPF/MapServer/4	
20	流域边界	否	SHP		/HBDH/SHPF/MapServer/5	
21	县	否	数据库	G_XIAN	/HBDH/DEF/MapServer/4	
22	市	否	数据库	G_SHI	/HBDH/DEF/MapServer/5	
23	流域地形	否	栅格数据		/HBDH/SHPF/MapServer/6	
24	省	否	数据库	G_SHENG	/HBDH/DEF/MapServer/6	
25	海	否	SHP		/HBDH/SHPF/MapServer/7	

3.5.4 模型数据文件规范

3.5.4.1 太湖藻类和水生植物对水质变化响应与水质目标模型

1. 边界条件

- 太湖分区数据(Taihu_Zone.dat)

数据文件格式：

```
**********************************************************
LakeNM:湖泊名称
ZoneCD:分区编号
ZoneNM:分区名称
**********************************************************
LakeNMZoneCDZoneNM
```

- 格网坐标数据(configgrids_location. dat)

数据文件格式:

```
************************************************************
COL_NUM:列号
ROW_NUM:行号
LGTD:经度
LTTD:纬度
WQCD:水质分区编号
************************************************************
COL_NUM  ROW_NUM  LGTD  LTTD  WQCD
0  0  119.895158    30.935322  999
1  0  119.905518    30.935322  999
2  0  119.915878    30.935322  999
3  0  119.926237    30.935322  999
4  0  119.936597    30.935322  999
5  0  119.946957    30.935322  999
6  0  119.957317    30.935322  999
```

- 格网水位数据(configgrids_level. dat)

数据文件格式:

```
************************************************************
COL_NUM:列号
ROW_NUM:行号
Water_level:水深
WQCD:水质分区编号
************************************************************
COL_NUM  ROW_NUM  LGTD  LTTD  WQCD
0  0  119.895158    30.935322  999
1  0  119.905518    30.935322  999
```

2 0 119.915878 30.935322 999

3 0 119.926237 30.935322 999

4 0 119.936597 30.935322 999

5 0 119.946957 30.935322 999

6 0 119.957317 30.935322 999

● 环湖河道基础数据(RIVER_INFO.dat)

数据文件格式：

****

RC:河道编号

COL_NUM:列号(入湖口)

ROW_NUM:行号(入湖口)

LGTD:经度

LTTD:纬度

INFLOW_ANG:入湖角度 360 度

****

RC COL_NUM ROW_NUM LGTD LTTD INFLOW_ANG

0001 0 0 119.895158 30.935322 270

2. 外部条件

● 气象站辐射风场逐时数据(METE_RADI_WIND.dat)

数据文件格式：

****

STCD:测站编码

STNM:测站名称

YR:年份

MNTH:月份

DAY:日期

TIME:时间

RADI:辐射

WNDV:风速

WNDDIR:风向

WNDL:风级

****

YD MNTH DAY TIME RADI WNDV WNDDIR

1950 1 2 2:00 0.89

3. 初始数据

● 湖体水质监测数据(WQT_LAKE_M.dat)

数据文件格式:

****

STCD:测站编码

STNM:测站名称

LGTD:经度

LTTD:纬度

YR:年份

MNTH:月份

DAY:日期

TP:总磷

TN:总氮

NH_3N:氨氮

COD:化学需氧量

NO_3:硝酸盐氮

PO_4:溶解性磷酸盐

DOX:溶解氧

PH:酸碱度

SS:悬浮物

WTMP:水温

****

STCD STNM LGTD LTTD YR MNTH TP TN NH_3N COD NO_3 PO_4 DOX PH SS WTMP

- 湖体水质生物数据(WQT_LAKE_M_2.dat)

数据文件格式:

****

STCD:测站编码

STNM:测站名称

LGTD:经度

LTTD:纬度

YR:年份

MNTH:月份

ND:碎屑氮

NP:浮游植物氮

NZ:浮游动物氮

PP:浮游植物磷

PZ:浮游动物磷

PD:碎屑磷

****

4. 初始参数

- [水生态一浮游植物]

生物量值类型=不均匀

藻类生长半饱和光强=300.000000

藻类生长率=1.4000000

浮游植物死亡率=0.1800

藻类下沉速度=0.0000001

风场影响藻类上浮速度系数=0.000007515

藻类趋光上浮速度=0.000005

浮游植物中氮的最小含量=0.040000

浮游植物中氮的最大含量=0.170000

浮游植物中磷的最小含量＝0.002000

浮游植物中磷的最大含量＝0.017000

藻类生长温度影响系数＝0.0800000

浮游植物最适宜生长的温度＝29.500000

浮游植物能够生长的最大温度＝35.000000

吸收铵态氮速率＝0.080000

吸收铵态氮半饱和常数＝0.200000

吸收硝酸盐氮速率＝0.030000

吸收硝酸盐氮半饱和常数＝0.100000

吸收正磷酸态磷速率＝0.010000

吸收正磷酸态磷半饱和常数＝0.02000

植物呼吸率＝0.2

碳值类型＝不均匀

浮游植物中碳的最大含量＝0.450000

浮游植物中碳的最小含量＝0.280000

吸收二氧化碳半饱和常数＝0.600000

吸收二氧化碳速率＝0.400000

吸收无机碳速率＝0.200000

吸收无机碳半饱和常数＝0.400000

磷值类型＝均匀

磷＝0.000000

氮值类型＝均匀

氮＝0.000000

- [水生态—沉水植物]

生物量值类型＝不均匀

磷值类型＝不均匀

氮值类型＝不均匀

碳值类型＝不均匀

沉水植物内禀增长率＝0.80000

沉水植物生长环境容量＝4.000000

沉水植物氮最小百分比含量＝0.012000

沉水植物氮最大百分比含量＝0.030000

沉水植物磷最小百分比含量＝0.001500

沉水植物磷最大百分比含量＝0.005000

沉水植物吸收氨态氮速率＝0.03000

沉水植物吸收氨态氮的半饱和常数＝0.200000

沉水植物吸收硝态氮速率＝0.001000

沉水植物吸收硝态氮的半饱和常数＝0.200000

沉水植物吸收磷酸态磷速率＝0.005000

沉水植物吸收磷酸态磷的半饱和常数＝0.005000

沉水植物扩长系数＝1000.000000

沉水植物最适宜生长的温度＝22.000000

沉水植物能够生长的最低温度＝5.000000

温度影响沉水植物生长系数＝0.35

沉水植物最适宜生长的光强＝500.000000

光强影响沉水植物生长系数＝0.015000

沉水植物吸收二氧化碳速率＝0.600000

沉水植物吸收二氧化碳的半饱和常数＝0.200000

沉水植物碳最大百分比含量＝0.500000

沉水植物碳最小百分比含量＝0.009500

沉水植物吸收底泥营养盐氮速率＝0.005000

沉水植物吸收底泥营养盐磷速率＝0.005000

沉水植物生物量转化为高度转换系数＝0.5000

沉水植物扩张的最小生物量＝0.300000

沉水植物吸收无机碳速率＝0.001000

沉水植物吸收无机碳的半饱和常数＝0.200000

- [水生态一浮游动物]

生物量值类型=不均匀

磷值类型=不均匀

氮值类型=不均匀

浮游动物对碎屑的捕食率=0.090000

浮游动物对浮游植物的捕食率=0.000000

浮游动物利用浮游植物的效率=0.7

浮游动物死亡率=0.040000

浮游动物可捕食的碎屑最小浓度=0.100000

浮游动物捕食碎屑的半饱和浓度=2.000000

鱼捕食浮游动物的速率=0.100000

鱼可捕食浮游动物的最小浓度=0.100000

鱼捕食浮游动物的半饱和浓度=1.000000

碳值类型=不均匀

浮游动物捕食藻类的半饱和浓度=2.000000

浮游动物捕食藻类的最小浓度=0.100000

浮游动物利用藻类的效率=0.700000

浮游动物碳最大百分比含量=0.400000

- [水生态一鱼类]

生物量值类型=不均匀

磷值类型=不均匀

氮值类型=不均匀

鱼类死亡率=0.003000

鱼类捕食浮游动物的半饱和常数=1.000000

碳值类型=不均匀

鱼利用浮游动物的效率=0.7100000

鱼类捕食浮游动物的速率=0.200000

浮游动物被鱼类捕食的最小含量=0.100000

鱼类吃食沉水植物的速率＝0.0200000

鱼类利用沉水植物的效率＝0.100000

沉水植物能够被鱼类吃食最小密度＝0.001000

鱼类吃食沉水植物的半饱和常数＝0.050000

捕捞鱼类的速率＝0.008000

鱼类最大碳百分比含量＝0.450000

鱼利用藻类效率＝0.000000

鱼类吃食沉水植物的有效率＝0.000000

- [水生态一有机碎屑]

碎屑降解速率 N＝0.018

碎屑降解速率 P＝0.018

碎屑量值类型＝不均匀

磷值类型＝不均匀

氮值类型＝不均匀

碳值类型＝不均匀

碎屑好氧降解溶解氧半饱和常数＝0.800000

碎屑沉降速率＝0.0001

碎屑好氧降解所需最低溶解氧含量＝0.020000

温度对碎屑降解的影响系数＝1.150000

- [水生态一营养元素氮]

碎屑氮值类型＝不均匀

铵态氮值类型＝不均匀

硝态氮值类型＝不均匀

亚硝态氮值类型＝不均匀

底泥可交换氮值类型＝不均匀

20 度时亚硝态氮的氧化速率＝1.00000

亚硝态氮氧化时溶解氧的半饱和常数＝3.000000

亚硝态氮氧化的最低溶解氧的浓度＝1.500000

20 度时氨态氮的氧化速率＝0.120000

氨态氮氧化最低溶解氧浓度＝2.000000

底泥侵蚀速度＝0.000000

氨态氮氧化时溶解氧的半饱和常数＝4.000000

底泥氮释放速率＝0.000001

温度影响氨态氮氧化系数 1＝1.20000

温度影响氨态氮氧化系数 2＝1.0650000

温度影响亚硝态氮氧化系数 1＝1.10000

温度影响亚硝态氮氧化系数 2＝1.20000

碎屑氮氧化的半饱和常数＝0.151000

温度影响底泥氮释放的系数＝0.007550

● [水生态一营养元素磷]

正磷酸态磷值类型＝不均匀

碎屑态磷值类型＝均匀

碎屑态磷＝2.000000

20 度时可溶解性磷的氧化系数＝1.000000

浮游植物吸收磷酸态磷的半饱和常数＝0.0060000

沉水植物中磷的最小百分含量＝7.000000

沉水植物中磷的最大百分含量＝9.000000

沉水植物吸收磷酸态磷的速率＝0.03

沉水植物吸收磷酸态磷的半饱和常数＝0.0050000

底泥侵蚀速度＝8.000000

温度影响底泥可交换磷矿化系数＝1.130000

溶解氧对间歇水溶解磷扩散影响＝6.000000

底泥可交换磷值类型＝不均匀

底泥间隙水磷值类型＝不均匀

温度对底泥间隙水磷释放的影响＝0.01

底泥间隙水溶解性磷的释放速率＝0.000500

溶解氧对间歇水溶解磷释放影响系数＝0.500000

溶解氧含量大于 1mg/L 碎屑转化为可交换磷比率＝0.800000

溶解氧含量小于 1mg/L 碎屑转化为可交换磷比率＝0.600000

底泥可交换磷矿化速率＝0.000035

● [水生态一水动力计算参数设置]

积分时间步长＝60.000000

水平扩散系数＝50000.000000

垂直扩散系数值类型＝均匀

垂直扩散系数＝0.017920

湖底粗糙度＝2.000000

风拖曳系数＝0.001300

水动力学计算张弛系数＝0.200000

湖泊纬度＝31.108000

湖面糙率＝0.100000

湖泊南北方向长度＝68.000000

南北方向网格点数＝69.000000

湖泊东西方向长度＝68.000000

东西方向网格点数＝69.000000

浓度场计算时间步长＝2400.000000

● [水生态一水动力初始化设置]

x 方向流速值类型＝均匀

x 方向流速＝0.000000

y 方向流速值类型＝均匀

y 方向流速＝0.000000

水面位移值类型＝均匀

水面位移＝0.000000

垂直方向流速值类型＝均匀

垂直方向流速＝0.000000

5. 情景数据

● 太湖水位情景数据文件(sce_wat_lev. DAT)

数据文件格式:

****

MNTH:月份

MIN:最小

MAX:最大

AVG:平均

P_2:2%

P_5:5%

P_{10}:10%

P_{25}:25%

P_{40}:40%

P_{50}:50%

P_{60}:60%

P_{70}:70%

P_{75}:75%

P_{80}:80%

P_{85}:85%

****

MNTH MIN MAX AVG P_2 P_5 P_{10} P_{25} P_{40} P_{50} P_{60} P_{70} P_{75} P_{80} P_{85}

● 环湖河道入湖流量情景数据文件(sce_inf. DAT)

数据文件格式:

****

RCD:河段编码

MNTH:月份

MIN:最小

MAX:最大

AVG:平均

P_{2}:2%

P_{5}:5%

P_{10}:10%

P_{25}:25%

P_{40}:40%

P_{50}:50%

P_{60}:60%

P_{70}:70%

P_{75}:75%

P_{80}:80%

P_{85}:85%

****

RCD MNTH MIN MAX AVG P_{2} P_{5} P_{10} P_{25} P_{40} P_{50} P_{60} P_{70} P_{75} P_{80} P_{85}

6. 模型输出

● 太湖分区年度水质目标数据(WQT_TARGET_LAKE.DAT)

数据文件格式:

****

WQCD:水质分区编号

YR:年份

TP:总磷

TN:总氮

$NH_{3}N$:氨氮

COD:化学需氧量

****

WQCDYR TP TN $NH_{3}N$ COD

1 2014 0.071 1.05 0.05 3.96

2 2014 0.060 1.16 0.06 4.49

3 2014 0.040 1.01 0.07 4.54

4 2014 0.017 1.67 0.15 4.64

5 2014 0.023 0.36 0.10 3.75

6 2014 0.027 0.52 0.10 4.34

● 太湖分区月度水质目标数据(月 WQT_TARGET_LAKE_M.DAT)

****

YR:年份

MNTH:月份

WQCD:水质分区编号

TP:总磷

TN:总氮

NH_3N:氨氮

COD:化学需氧量

DOX:溶解氧

****

YR MNTH WQCD TP TN NH_3N COD DOX

2014 1 001

2014 1 0022014 2 001

7. 模型文件目录层次结构

M _INIT.CONFIG

model_1

input

Taihu_Zone.dat

configgrids_location.dat

configgrids_level.dat

RIVER_INFO.dat

METE_RADI_WIND.dat

WQT_LAKE_M.dat

WQT_LAKE_M_2.dat

sce_wat_lev.DAT

sce_inf.DAT output

output

WQT_TARGET_LAKE.DAT

WQT_TARGET_LAKE_M.DAT

Tmp

3.5.4.2 太湖生态系统净化污染物能力与目标水质环境容量模型

1. 边界条件

● 格网坐标数据(configgrids_location.dat,同模型一)

● 格网水位数据(configgrids_level.dat,同模型一)

● 格网分层水深数据(configgrids_layer.dat)

数据文件格式:

****

COL_NUM:列号

ROW_NUM:行号

Top_Layer:上层水深

Bottom_level:下层水深

WQCD:水质分区编号

****

COL_NUMTop_LayerBottom_levelWQCD

0 0 1.22.11

1 0 2.12.61

2. 外部条件

● 气象数据(WEATHER.dat)

数据文件格式:

****

STCD:测站编码

STNM:测站名称

YR:年份

MNTH:月份

DAY:日期

TIME:时间

RADI:辐射

Temp:气温

Evaporative:蒸发

Rainfall:降雨

Pressure:气压

S-Pressure:饱和蒸气压

Cloud: 云量

Dry-Wet:干湿沉降

Humidity:相对湿度

WNDV:风速

WNDDIR:风向

WNDL:风级

****

STCD STNM YD MNTH DAY TIME RADITemp Evaporative RainfallPressure

S-Pressure Cloud Dry-Wet Humidity WNDV WNDDIR

THL33 太湖气象站 2010 1 2 2:00 0.89 60.81 0 1015.5 0.6 20%

97 60 2.5 120 2

- 环湖河道流量水质数据(rivers.txt)

数据格式:

****

RiverName:河流名称

RowNumber:入湖网格行号

ColNumber:入湖网格列号

Year:年份

MNTH:月份

DAY:日期

Folw:流量

TN:总氮

TP:总磷

PO_4^3P:可溶性磷

NH_3N:氨氮

NO_3N:硝酸盐氮

NO_2N:亚硝酸盐氮

Chla:叶绿素 a

DO:溶解氧

CODMN:高锰酸盐指数

CO_2:二氧化碳

OC:有机碳

Ss:固体悬浮物

****

RiverName RowNumber ColNumber Year MNTHDAY Folw TN TP $PO_4^3PNH_3N$ NO_3N NO_2N Chla DO CODMN CO_2OC Ss

3. 初始条件

● 湖体水质监测数据(WQT_LAKE_M.dat,同模型一)

● 太湖分区年度水质目标数据(WQT_TARGET_LAKE.DAT,同模型一)

● 太湖分区月度水质目标数据(月 WQT_TARGET_LAKE_M.DAT,同模型一)

4. 模型输出

● 太湖分区水环境容量—COD(EC_COD.DAT)

数据文件格式:

****

YR:年份

MNTH:月份

DAY:日期

WQCD:水质分区编号

COD:化学需氧量

****

YR MNTH DAY WQCD COD

- 太湖分区水环境容量一总磷(EC_TP. DAT)

  数据文件格式:

  ****

  YR:年份

  MNTH:月份

  DAY:日期

  WQCD:水质分区编号

  TP:总磷

  ****

  YR MNTH DAY WQCD TP

- 太湖分区水环境容量一总氮(EC_TN. DAT)

  数据文件格式:

  ****

  YR:年份

  MNTH:月份

  DAY:日期

  WQCD:水质分区编号

  TN:总氮

  ****

  YR MNTH DAY WQCD TN

- 太湖分区水环境容量一氨氮(EC_NH_3N.DAT)

  数据文件格式:

  ****

  YR:年份

  MNTH:月份

  DAY:日期

  WQCD:水质分区编号

  NH_3N:氨氮

  ****

  YR MNTH DAY WQCD NH_3N

5. 目录层次结构

```
model_2
  input
    configgrids_location.dat
    configgrids_level.dat
    configgrids_layer.dat
    WEATHER.dat
    rivers.txt
    WQT_LAKE_M.dat
    output
      EC_COD.DAT
      EC_TP.DAT
      EC_TN.DAT
      EC_NH3N.DAT
    tmp
```

3.5.4.3 入湖污染物输移扩散过程与环境容量入湖河道分配模型

1. 边界条件

- 格网坐标数据(configgrids_location.dat,同模型一)

- 格网水位数据(configgrids_level. dat,同模型一)
- 环湖河道基础数据(RIVER_INFO. dat,同模型一)

2. 外部条件

- 湖体气象数据(METE_LAKE_D. DAT)

数据文件格式:

```
***********************************************************************
YR:年份
MNTH:月份
DAY:日期
ATMP:气温
WTMP:水温
AIRP:气压
EF:蒸发
PRCP:降水
WL:水位
RADI:辐射
REL_HUM:相对湿度
WNDV:风速
WNDDIR:风向
***********************************************************************
YR MNTH DAY ATMP WTMP EF PRCP WL RADI REL_HUM WNDV WNDDIR
```

3. 初始化条件

- 环湖河道流量水质数据(rivers. txt,同模型二)
- 太湖分区水环境容量数据—COD(EC_COD. DAT,同模型二)
- 太湖分区水环境容量—总磷(EC_TP. DAT,同模型二)
- 太湖分区水环境容量—总氮(EC_TN. DAT,同模型二)
- 太湖分区水环境容量—氨氮(EC_NH_3N. DAT,同模型二)
- 湖体网格水质数据(rivers. txt)

数据格式：

****

RowNumber：网格行号

ColNumber：网格列号

Year：年份

MNTH：月份

TN：总氮

TP：总磷

$PO_4{}^3P$：可溶性磷

NH_3N：氨氮

COD：化学需氧量

NO_3：硝酸盐

NO_2：亚硝酸盐

Trivial－N：碎屑氮

Chla：叶绿素 a

****

RowNumber ColNumber Year MNTH TN TP $PO_4{}^3P$ NH_3N COD NO_3 NO_2 Trivial－N Chla

4. 参数条件(参考模型一)

5. 模型输出

- 入湖浓度消减量数据(RIVERCUT.DAT)

数据文件格式：

****

YR：年份

MNTH：月份

RC：河道编号

RNM：河道名称

TN_INPUT：入湖总氮

TP_INPUT：入湖总磷

NH_3N_INPUT：入湖氨氮

COD_INPUT：入湖化学需氧量

TN_CUT：总氮削减量

TP_CUT：总磷削减量

NH_3N_CUT：氨氮削减量

COD_CUT：化学需氧量削减量

****

YR MNTH RC RNM TN_INPUT TP_INPUT NH_3N_INPUT COD_INPUT TN_CUT TP_CUT NH_3N_CUT COD_CUT

6. 目录层次结构

```
model_3
  external
    METE_LAKE_D.DAT
  input
    configgrids_location.dat
    configgrids_level.dat
    RIVER_INFO.dat
      rivers.txt
      EC_NH4.dat
      EC_COD.dat
      EC_TN.dat
      EC_TP.dat
  output
    RIVERCUT.DAT
  log
    log.dat
```

3.5.4.4 太湖流域平原区河网污染物质输移模型

1. 边界条件

● 太湖流域河道地形信息(RCTERRAIN.dat)

数据文件格式：

****

RC:河道编号

RCNM:河道名称

ReachFNode:河道首节点编号

ReachENode:河道末节点编号

ReachFSection:河道首断面编号

ReachESection:河道末断面编号

WaterCode:所属太湖平原分区编号

ReachLenth:子河段长度(公里)

Roughness:河道糙率

BedElev:河底高程

Width:河道底宽

Slope:河道边坡

StoWidth 河道调蓄水面宽

****

RC RCNM ReachFNode ReachENode ReachFSection ReachESection WaterCode ReachLenth Roughness BedElev WidthSlope StoWidth

● 河段圩内外不同下垫面的面积(POLAREA.dat)

数据文件格式：

****

RC:河道编号

WaterCode:所属太湖平原分区编号

ReachLenth:下垫面类型

Roughness:河道糙率

PolAreaX:圩内区间面积(大)

PolAreaM:圩内区间面积(中)

PolAreaN:圩内区间面积(小)

****

RC RCNM ReachFNode PolAreaX PolAreaM PolAreaN

● 涵闸信息(GATE.dat)

数据文件格式:

****

GateCD:闸门编号

GateNM:闸门名称

GateRC:闸所在的河道编号

GateRFNode:闸控制的河道首节点

GateRENode:闸控制的河道末节点

GateElev:闸底高程

GateWidth:闸的底宽

OutFlow:自由出流

SubFlow:淹没出流

****

GateCD GateNM GateRC GateRFNode GateRENode GateElev GateWidth OutFlow SubFlow

● 环湖河道基础数据(RIVER_INFO.dat,同模型一)

● 调蓄节点信息(Storage.dat)

数据文件格式:

****

StorageCD:调蓄节点编号

StorageRC:所在河道节点编号

WaterCode:太湖平原分区编号

StorageArea:调蓄节点面积

StorageNC：调蓄节点名称

****

StorageCD StorageRC WaterCode StorageA rea StorageNC

- 水流边界信息(Boundary. dat)

数据文件格式：

****

Number：序号

RC：河道节点编号

BType：边界类型(水位、水量)

RLocation：位置

BNumber：水流边界序号

WaterLevel：水位

WaterVolume：水量

TideLevel：潮位

Drainage：引排水

****

Number RC BTypeRLocation BNumber WaterLevelWaterVolume TideLevelDrainage

- 水质边界信息(WaterBoundary. dat)

数据文件格式：

****

Number：序号

RC：河道节点编号

WNumber：水质边界序号

WLocation：边界位置

****

Number RC WNumber WLocation

- 潮位信息(Tide. dat)

数据文件格式：

****

TideCD：潮位站编号

TideNM：潮位站名称

Year：年

Month：月

Date：日

Time：时刻

TideLevel：潮位

****

TideCD TideNM Year Month DateTime TideLevel

- 太湖平原区产水深数据（WPDepth.dat）

数据文件格式：

****

WaterCode：所属太湖平原分区编号

UnderSurface：下垫面类型

Year：年

Month：月

Date：日

WPDepth：产水深

****

WaterCode UnderSurface Year Month Date WPDepth

- 太湖山丘区河道产流量数据（Runoff.dat）

数据文件格式：

****

RC：河道节点编号

Year：年

Month：月

Date:日

Runoff:产流量

****

RC Year Month Date Runoff

● 水质边界浓度过程数据(WaterQuality.dat)

数据文件格式:

****

RC:河道节点编号

WNumber:水质边界序号

Year:年

Month:月

BOD:生化需氧量

COD:化学需氧量

NH_3N:氨氮

DO:溶氧

TP:总磷

TN:总氮

****

RCW Number Year Month BOD COD NH_3N DO TP TN

2. 外部条件

● 工业废水排放的水质数据(点源污染)(IndustrialPollution.dat)

数据文件格式:

****

RC:河道节点编号

WasteWater:河道废水排放量

Year:年

Month:月

BOD:生化需氧量

COD:化学需氧量

NH_3N:氨氮

DO:溶氧

TP:总磷

TN:总氮

****

RC Waste Water Year Month BOD COD NH_3N DO TP TN

- 农村居民生活带入河道的水质数据(面源污染)(RusalPollution. dat)

数据文件格式:

****

RC:河道节点编号

Year:年

Month:月

BOD:生化需氧量

COD:化学需氧量

NH_3N:氨氮

DO:溶氧

TP:总磷

TN:总氮

****

RC Year Month BOD COD NH_3N DO TP TN

- 降雨过程带入河道的水质数据(面源污染)(RainfallPollution. dat)

数据文件格式:

****

RC:河道节点编号

Year:年

Month:月

BOD:生化需氧量

COD:化学需氧量

NH_3N:氨氮

DO:溶氧

TP:总磷

TN:总氮

****

RC Year Month BOD COD NH_3N DO TP TN

- 流域水体平均温度(WaterTemp.dat)

数据文件格式:

****

Month:月份

Temperature:平均水温

****

Month Temperature

3. 初始条件

- 河道水质初始浓度数据(RCWQ.dat)

数据文件格式:

****

RC:河道节点编号

Year:年

Month:月

Date:日

BOD:生化需氧量

COD:化学需氧量

NH_3N:氨氮

DO:溶氧

TP:总磷

TN:总氮

****

RCYear Month Date BOD COD NH_3N DO TP TN

- 调蓄节点水质初始浓度数据(StorageWQ. dat)

数据文件格式:

****

StorageCD:调蓄节点编号

StorageRC:所在河道节点编号

Year:年

Month:月

Date:日

BOD:生化需氧量

COD:化学需氧量

NH_3N:氨氮

DO:溶氧

TP:总磷

TN:总氮

****

Storage CDStorage RC Year MonthDate BOD COD NH_3N DO TP TN

4. 输出结果

- 河段流量过程数据(BranchFlow. dat)

数据文件格式:

****

RC:河道节点编号

Year:年

Month:月

Date:日

Flow:流量

****

RC Year Month Date Flow

- 河段水位过程数据(BranchLevel. dat)

数据文件格式:

****

RC:河道节点编号

Year:年

Month:月

Date:日

WaterLevel:水位

****

RC Year Month Date Water Level

- 河段水质过程数据(BranchWQ. dat)

数据文件格式:

****

RC:河道节点编号

Year:年

Month:月

Date:日

BOD: 生化需氧量

COD:化学需氧量

NH_3N:氨氮

DO:溶氧

TP:总磷

TN:总氮

****

RC Year Month Date BOD COD NH_3N DO TP TN

5. 目录层次结构

model_4

input

RCTERRAIN.dat

POLAREA.dat

GATE.dat

RIVER_INFO.dat

Storage.dat

Boundary.dat

WaterBoundary.dat

Tide.dat

WPDepth.dat

Runoff.dat

WaterQuality.dat

IndustrialPollution.dat

RusalPollution.dat

RainfallPollution.dat

WaterTemp.dat

RCWQ.dat

StorageWQ.dat

output

BranchFlow.dat

BranchLevel.dat

BranchWQ.dat

3.5.4.5 入河污染排放通量追溯模型

1. 边界条件

- 太湖分区数据(Taihu_Zone.dat,同模型一)
- 太湖流域河道地形信息(RCTERRAIN.dat,同模型四)
- 湖体水质监测数据(WQT_LAKE_M.dat,同模型一)
- 工业废水排放的水质数据(点源污染)(IndustrialPollution.dat,同模型四)

● 农村居民生活带入河道的水质数据(面源污染)(RusalPollution. dat,同模型四)

● 降雨过程带入河道的水质数据(面源污染)(RainfallPollution. dat,同模型四)

2. 初始条件

● 河段水质过程数据(BranchWQ. dat,同模型四)

3. 外部数据

● 河段流量过程数据(BranchFlow. dat,同模型四)

● 气象数据(METE_LAKE_D. DAT,同模型三)

4. 输出数据

● 各河段控制断面污染负荷量(BranchPLOAD. dat)

数据文件格式:

```
****************************************************************
RC:河道节点编号
Year:年
Month:月
Date:日
COD 污染负荷量:化学需氧量
NH3N 污染负荷量:氨氮
TP 污染负荷量:总磷
TN 污染负荷量:总氮
****************************************************************
RC Year Month Date COD NH3N TP TN
```

5. 目录结构

```
model_5
  input
    Taihu_Zone.dat
    RCTERRAIN.dat
```

WQT_LAKE_M.dat

IndustrialPollution.dat

RusalPollution.dat

RainfallPollution.dat

BranchWQ.dat

BranchFlow.dat

METE_LAKE_D.DAT

output

BranchPLOAD.dat

3.5.4.6 污染通量削减空间分配优化模型

1. 边界条件

- 太湖流域河道地形信息(RCTERRAIN.dat,同模型四)
- 湖体水质监测数据(WQT_LAKE_M.dat,同模型一)
- 控制单元信息(Unit.dat)

数据文件格式:

****

UnitNM:控制单元名称

UnitCD:控制单元代码

ANM:所属行政区划名称

WaterNM:所属水功能分区

RCS:包含的河道编号

LenPer:长度比例

****

Unit NM Unit CD ANM WaterNM RCS LenPer

- 排污口数据(Outfall.dat)

数据文件格式:

****

Province:所属省份

District:所属市

County:所属县

Town:乡镇

ACD:行政区划代码

OutfallNM:排污口名称

OutfallCD:排污口编码

Longitude:经度

Latitude:纬度

WasteDis:批准的废污水年排放量(万吨)

WasteSource:污水主要来源

WasteClass:污水分类情况

WasteComNM:主要排污单位名称

WasteQ2011:2011 年入河湖废污水量(万吨)

WasteQ2013:2013 年入河湖废污水量(万吨)

****

Province District County Town ACDOutfallNMOutfall CD Longitude Latitude Waste Dis Waste Source WasteClass WasteComNM WasteQ2011 WasteQ2013

- 污染源点源数据(PointSource. dat)

数据文件格式:

****

Province:所属省份

District:所属市

County:所属县

Town:乡镇

ACD:行政区划代码

COD－IN:工业化学需氧量

NH_3N－IN:工业氨氮

TN－IN:工业总氮

TP－IN:工业总磷

COD－Town:城镇化学需氧量

NH_3－Town:城镇氨氮

TN－Town:城镇总氮

TP－Town:城镇总磷

TN－Breed:畜禽养殖总氮

TP－Breed:畜禽养殖总磷

****

Province District County Town ACD COD－IN NH_3N－IN TN－IN TP－IN

COD－Town NH_3－Town TN－Town TP－Town TN－Breed TP－Breed

● 污染源面源数据(Non-Point Source. dat)

数据文件格式:

****

Province:所属省份

District:所属市

County:所属县

COD－Town:农村化学需氧量

NH_3N－Town:农村氨氮

TN－Town:农村总氮

TP－Town:农村总磷

TN－IN:建设用地降水径流总氮

TP－IN:建设用地降水径流总氮总磷

COD－Town:种植业总氮

NH_3－Town:种植业总磷

TN－Town:林地总氮

TP－Town:林地总磷

TN－Breed:水产总氮

TP - Breed:水产总磷

****

Province District County Town ACD COD - IN NH_3N - IN TN - IN TP - IN

COD - Town NH_3 - Town TN - Town TP - Town TN - Breed TP - Breed

2. 外部条件

- 水流边界信息(Boundary. dat,同模型四)
- 气象数据(METE_LAKE_D. DAT,同模型三)
- 流域圩内外不同下垫面的面积(POLAREA. dat,同模型四)
- 污水处理厂信息(SEWAGE—FAC. dat)

数据文件格式:

****

ANM:行政区划名称

ACD:行政区划代码

OraCD:组织机构代码

ComNM:单位名称

OperComNM:运营单位名称

Address:企业详细地址

Longitude:经度

Latitude:纬度

ContactP:联系人

Telephone:联系电话

Fax:传真

WasteType:污水处理设施类型

SewageMethod1:污水处理方法 1 名称

SewageMethod2:污水处理方法 2 名称

SewageDir:排水去向类型名称

RNM:受纳水体名称

RC:受纳水体代码

SewTreat:污水实际处理量(万吨)

SewTreat - Daily:其中处理生活污水量(万吨)

SewTreat - IN:其中处理工业废水量(万吨)

COD - Amount:化学需氧量去除量(吨)

COD - IP:化学需氧量进口浓度(毫克/升)

COM - EP:化学需氧量出口浓度(毫克/升)

NH_3N - Amount:氨氮去除量(吨)

NH_3N - IP:氨氮进口浓度(毫克/升)

NH_3N - EP:氨氮出口浓度(毫克/升)

TP - Amount:总磷去除量(吨)

TP - IP:总磷进口浓度(毫克/升)

TP - EP:总磷出口浓度(毫克/升)

TN - Amount:总氮去除量(吨)

TN - IP:总氮进口浓度(毫克/升)

TN - EP:总氮出口浓度(毫克/升)

****

ANM ACD Ora CD ComNMAddress Longitude Latitude ContactP Telephone Fax Waste Type Sewage Method1 Sewage Method2 Sewage Dir RNM RC SewTreat SewTreat - Daily SewTreat - IN COD - Amount COD - IP COM - EP NH_3N - Amount NH_3N - IP NH_3N - EP TP - Amount TP - IP TP - EP TN - Amount TN - IP TN - EP

3. 数据输入

● 各河段控制断面污染负荷量(BranchPLOAD. dat,同模型五)

4. 参数文件

● 优化分配参数(CUTPAR. dat)

数据文件格式:

****

ANM:行政区划名称

ACD:行政区划代码

County:所属县

POP:人口

GDP:国民生产总值

Area:控制单元面积

CutRat:削减比例

CutRat－Ref:削减比例参考

****

ANM ACD County POP GDP Area CutRat CutRat－Ref

5. 数据输出

- 行政单元污染削减量数据(ACUT_RESULT. dat)

数据文件格式:

****

ANM:行政单元名称

ACD:行政单元代码

County:所属县

Year:年度

Month:月份

COD－CUT:化学需氧量削减量

NH_3N－CUT:氨氮削减量

TN－CUT:总氮削减量

TP－CUT:总磷削减量

****

ANM ACD County Year Month COD－CUT NH_3N－CUT TN－CUT TP－CUT

- 水功能区污染削减量数据(WCUT_RESULT. dat)

数据文件格式:

****

WaterNM:水功能区名称

WaterCD：水功能区代码

Year：年度

Month：月份

COD－CUT：化学需氧量削减量

NH_3N－CUT：氨氮削减量

TN－CUT：总氮削减量

TP－CUT：总磷削减量

****

WaterNM WaterCD Year Month COD－CUT NH_3N－CUT TN－CUT TP－CUT

6. 目录结构

model_6

input

RCTERRAIN.dat

Boundary.dat

WQT_LAKE_M.dat

Unit.dat

Outfall.dat

PointSource.dat

Non－PointSource.dat

METE_LAKE_D.DAT

POLAREA.dat

SEWAGE－FAC.dat

BranchPLOAD.dat

CUTPAR.dat

output

ACUT_RESULT.dat

WCUT_RESULT.dat

3.5.4.7 太湖水环境评估模型

模型调用为 model7. dll。

在模型配置方面，以提高平台运行效率为目标，对原有的模型配置方式进行优化，通过上传模型配置文件的形式代替了原有的平台界面逐个配置的形式。

通过模型研发人员与平台人员的集中开发，实现各个模型之间的数据传输平台对各个模型的正常调用(图 3－12)，模型集成运行结果入库，实现在平台中渲染（createRenderer，创建地图渲染；createLegend，创建地图图例；updateAttribute，地图渲染水质数据）。

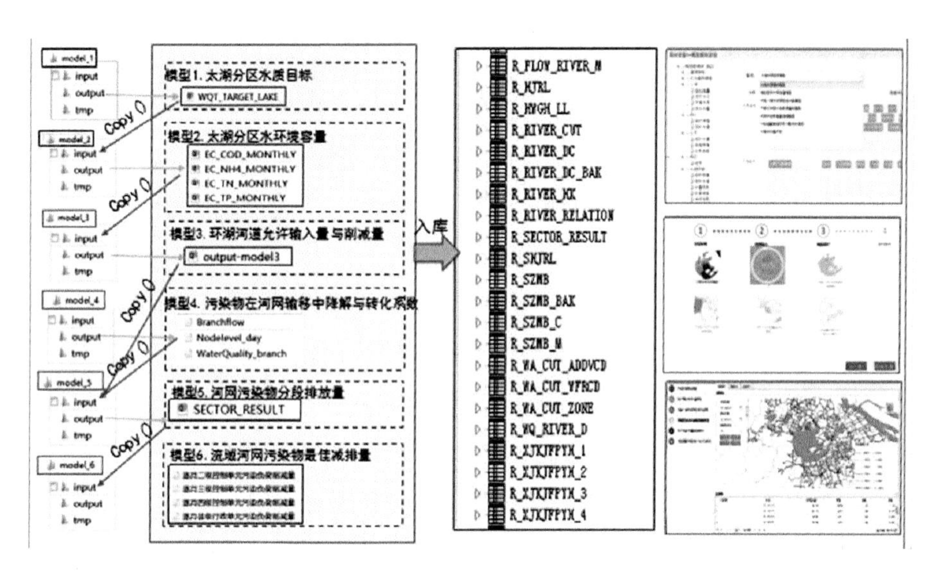

图 3－12 各模型结果入库

3.6 平台界面设计

软件界面也称作 UI(User Interface)，是人机交互重要部分，也是软件使用的第一印象，是软件设计的重要组成部分。软件界面设计越来越被软件设计重视，所谓的用户体验大部分就是指软件界面的设计。界面设计具体包括平台软件启动封面设计、软件框架设计、按钮设计、面板设计、菜单设计、标签设计、图标设计、滚动条及状态栏设计、安装过程设计、包装及商品化。

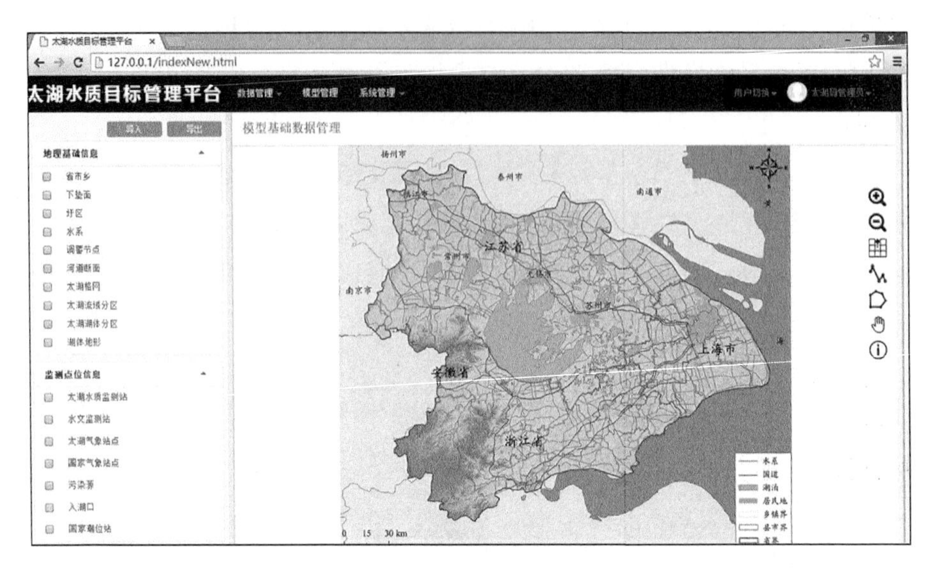

图 3 - 13　空间数据管理页

太湖水质目标管理平台多个子系统，是独立开发的，要将它们有机地集成在一起，必须先经过精心的界面设计和系统协调。本研究将用户接口、图形化模块、GIS 数据库管理、模型库管理等合成在一起，而将决策处理及数学模型分开。这样能最大限度地保证界面的统一性，而又不失系统的灵活性。将三者联系在一起的是数据交换流、命令解释和执行机制。即使独立的数学模型和命令处理器，在运行时也缩为图标进入后台。在用户所能见到的桌面上，永远是所关心区域的地图信息与数据信息。平台核心系统被设计成多文档(MDI)方式，用户可同时打开多个方案进行处理、比较，甚至可以同时打开同一个模型的不同副本，进行不同条件的方案模拟，便于决策分析。

图 3-14 监测数据管理页

图 3-15 模型管理页

图 3-16　模型参数配置页

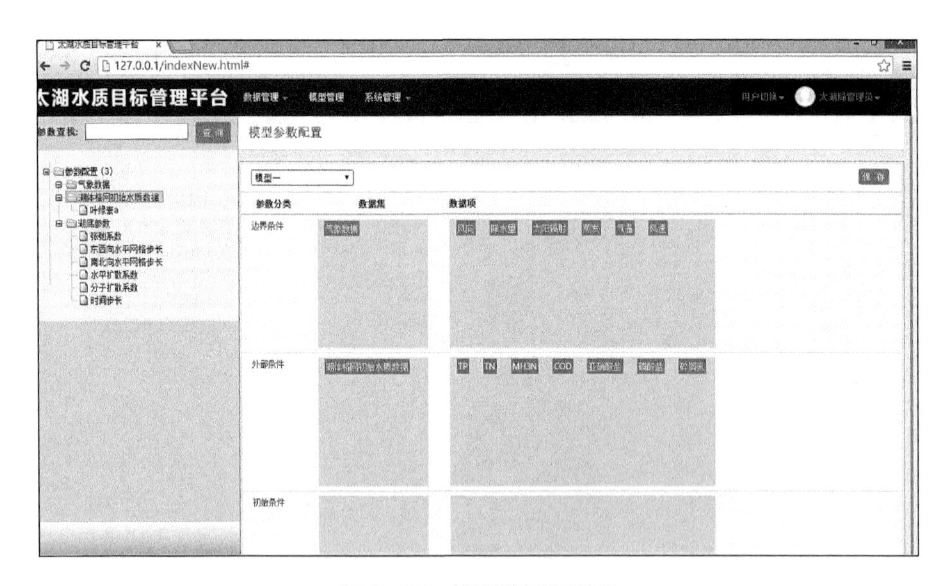

图 3-17　模型模板配置页

图 3－18 系统管理页

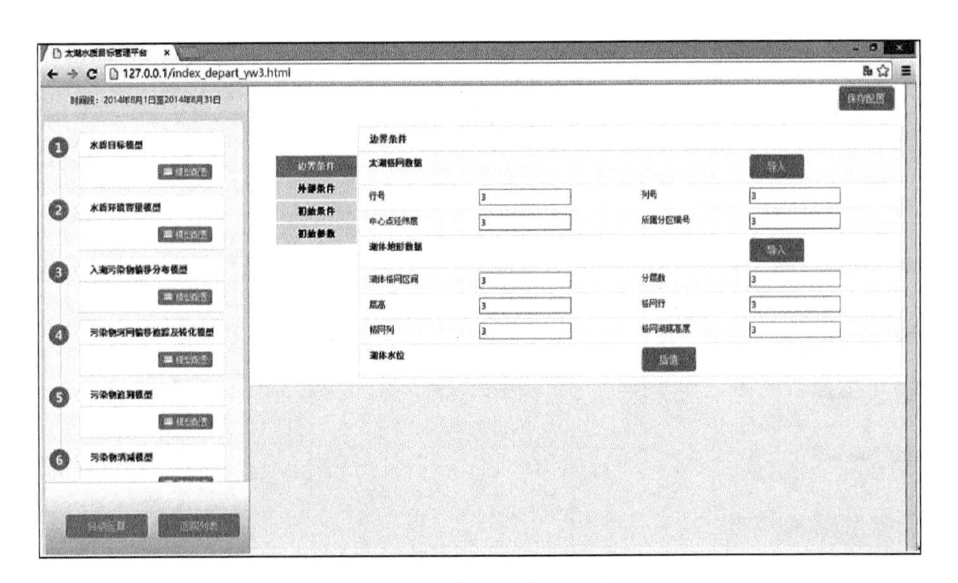

图 3－19 模型参数配置页

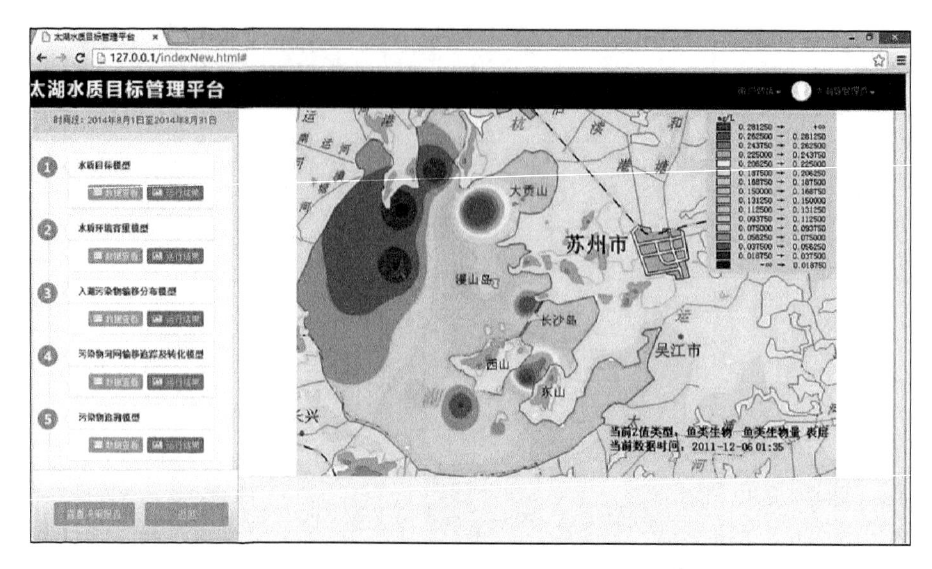

图 3-20　模型运行结果展示页

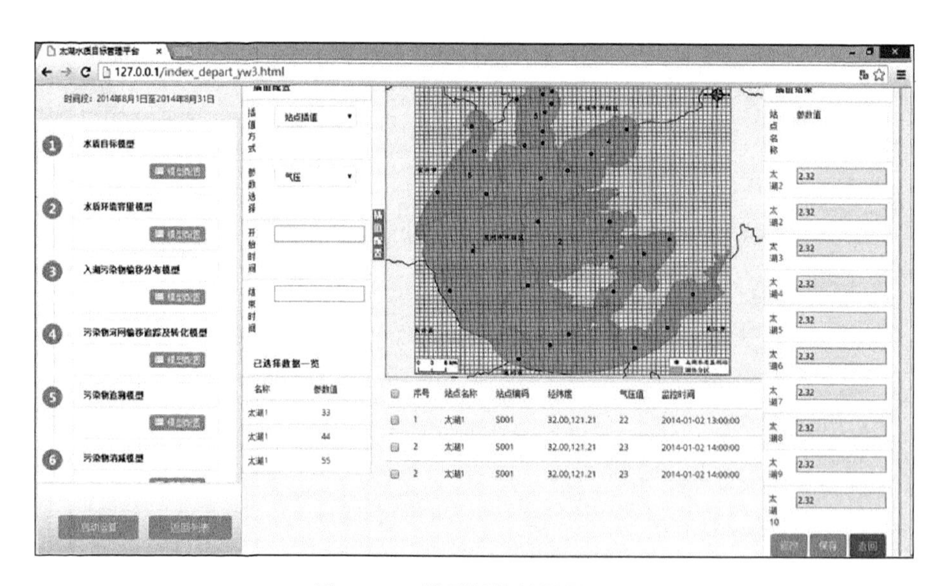

图 3-21　模型插值结果展示页

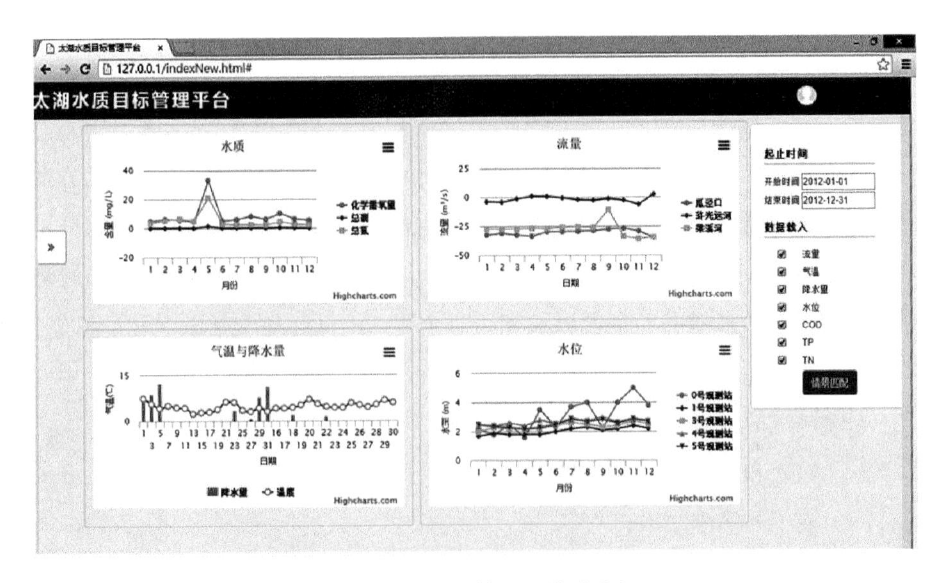

图 3-22　模型计算结果统计分析页

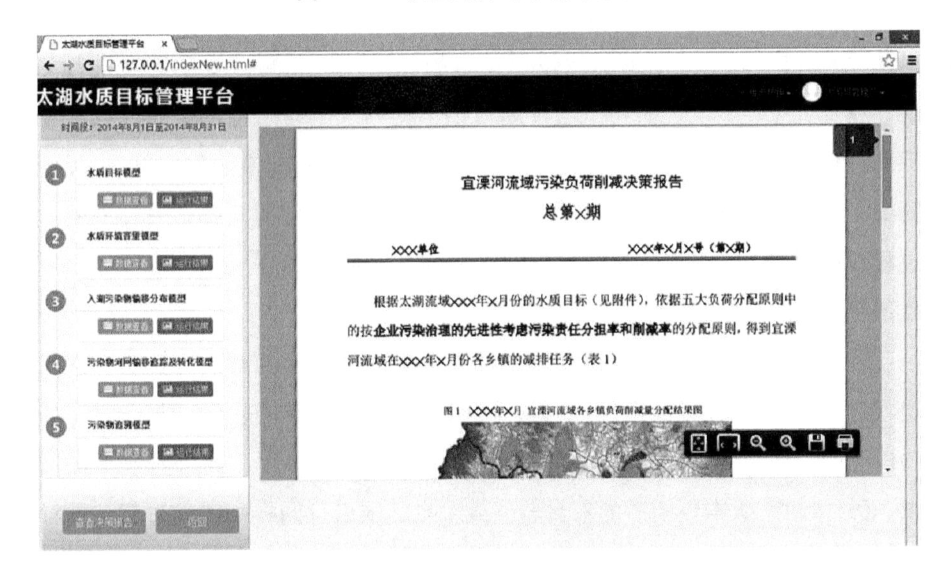

宜溧河流域污染负荷削减决策报告

总第×期

×××单位　　×××年×月×号（第×期）

根据太湖流域×××年×月份的水质目标（见附件），依据五大负荷分配原则中的按**企业污染治理的先进性考虑污染责任分担率和削减率**的分配原则，得到宜溧河流域在×××年×月份各乡镇的减排任务（表 1）

图 1　×××年×月　宜溧河流域各乡镇负荷削减量分配结果图

图 3-23　查看决策报告页

3.7 软件测试设计

太湖水质目标管理平台是一个庞大复杂的水环境管理系统，设计测试方案时，首先分解测试内容，分解成两个互相独立的子系统。根据被测系统的分析和测试要求，逐步细化测试的范围和内容，设计具体的测试过程和数据，同时将结果写成可以按步骤执行的测试文档。每个测试用例必须包括以下几个部分：

(1) 标题和编号；

(2) 测试的目标和目的；

(3) 输入和使用的数据及操作过程；

(4) 期望的输出结果；

(5) 其他特殊的环境要求、次序要求、时间要求等。

当所有必需的测试准备工作都已完成，并且平台已经开发完毕或者已经取得阶段性成果，即可提交测试。按照预定的测试计划和测试方案逐项进行测试。在测试过程中发现的任何与预期目标不符的现象和问题都必须详细记录下来，填写测试记录。为了能准确地找出问题产生的原因，及时解决问题，保证测试工作的顺利进行，一般来说所发现的问题必须是能够重视的。具体的测试过程包括：单元测试、集成测试、系统测试和验收测试四部分，同时测试需要围绕系统平台的功能和性能两方面进行展开。

在测试中发现的任何问题和错误都必须有一个明确的解决方法。一般来说，经过修改的软件可能仍然包含着错误，甚至引入了新的错误，因此，对于修改以后的程序和文档，按照修改的方法和影响的范围，必须重新进行有关的测试。另外，对于版本更新后的平台软件成果也必须进行同样的测试过程。这样通过回归测试，方能起到提高系统安全稳定的作用。

测试结束后要及时地进行总结，对测试结果进行分析，由测试负责人提交“测试分析报告”。具体需要包括下述内容：

(1) 功能覆盖情况

给出数据图表，说明各种类型（基本功能、高级功能等）的功能完成情况（完成、未完成、部分完成、取消、延迟发布等），以及各种类型完成情况的比例。对于没有完成的功能，列表给出，并描述没有完成的原因和改进方案、改进计划。

（2）性能指标和完成情况

对系统需求中要求的所有性能指标的测试结果进行记录，并分析各类性能指标达到的情况（达到、未达到、取消、调整设计指标、延迟达到等）。

对于各个没有达到（未达到、取消、调整设计指标、延迟达到）的指标，描述没有达到的原因和改进方案、改进计划。

（3）其他质量指标完成情况

对系统需求中要求的所有其他质量指标的测试结果进行记录，并分析各类指标达到的情况（达到、未达到、取消、调整设计指标、延迟达到等）。

对于各个没有达到（未达到、取消、调整设计指标、延迟达到）的指标，描述没有达到的原因和改进方案、改进计划。

（4）总体结论

根据上述所有测试结果，对当前系统的总体质量情况给出客观的评价，分析进行后续工作中需要解决的问题，并给出建议方案、改进计划和结论性意见。

4 太湖水质目标管理平台实现

太湖水质目标管理平台，基于太湖水质目标管理成套模型及太湖水环境容量与河道允许入湖污染物通量计算、入湖污染物在河网排放位置和强度追溯、流域污染物减排分配优化技术体系，突破湖泊污染物减排测算与方案制定的重大瓶颈，形成河湖水环境污染物减排决策与管理的“数字化”工具和手段，提升了湖泊流域水环境管理科学决策能力，形成了符合实际情况且具有指导决策能力的湖泊水质目标管理方法。

基于.Net平台和ArcGIS Server的四层架构完成太湖水质目标管理平台的研发，实现了后台系统管理员对空间数据管理、监测数据管理、模型管理和系统管理功能，前台业务人员基于6大模型耦合集成计算实现的不同业务功能和方案计算，并自动生成太湖水质动态目标管理季度、年度决策报告，为管理者提供不同计算方案的流域污染物削减比选，供管理者决策。平台主要功能模块可概括为面向湖泊水质目标的流域污染物减排分区与核算（反算）、不同流域控制手段下的水环境变化模拟（正算）两个方面。反算业务流程包括太湖水质目标计算、湖泊水环境容量计算、环湖河道入湖污染物削减分配、平原区河网污染物质输移、流域单元污染物减排核算，正算业务流程包括太湖流域河网流量水位和污染源调整计算其对流域河网、太湖水质的影响。

4.1 系统开发思想

4.1.1 面向管理业务

太湖水质目标管理平台要进行业务化应用，必须和业务部门的业务目标、管理要求、工作流程相适用，否则系统的建设对业务部门是毫无意义的。因此在太湖水质目标管理平台研发过程中牢牢把握“以满足业务部门的实际需求为第一目标”这一宗旨。在对系统结构划分时，先按业务进行划分，再按具体功能划分。基于这样的系统结构划分思想，可以在各个业务模块充分反映出该业务的特性，根据该业务的具体需求，量身定制业务功能，从而使平台真正成为一个业务信息的管理系统，实现水质目标管理平台的建设目标。

4.1.2 原型化开发

原型化开发是软件开发的一种常用方法。开发人员对用户提出的问题进行总结，就系统的主要需求取得一致意见后，开发出一个原型并运行之，然后结合用户业务需求反复对原型进行修改，使之逐步完善，直到用户对系统完全满意为止。原型化开发方法的开发过程中，可以脱离早期构造的软件原型进行独立，原型化方法实际上是一种快速确定需求的策略，对用户的需求进行提取、求精，快速建立最终系统工作是模型的方法。要求有完整的生命周期，原型化是一种动态设计过程，加强用户的参与和决策，尽快地确定需求，有利于确认各项系统服务的可用性，降低软件开始风险和开发成本，并简化项目的管理。

4.1.3 分层次开发

软件开发工作的主要任务，是要保证软件的高效运转和功能的正常实现。而分层开发通过对软件内部结构进行解析，赋予不同层次结构不同功能，从而提高软件功能的丰富程度和使用性能。当前软件功能越来越丰富，软件结构越来越复杂，传统的设计方式已经逐渐不能满足软件复杂化的趋势。而分层技术则是将软件结果按照一定逻辑关系分解成多个层面，每个层面都有各自的功能，组合起来则形成完整的软件。同时，部门层面之间具有一定独立性，需要完善软件功能或者对软件进行升级改造时，只需要对涉及的层面进行完善修改，对其他层面几乎没有影响，使得软件升级和改造工作变得更加简单，提高了工作效率。太湖水质目标管理平台采用分层次研发，在提高软件的性能方面具有以下优点：

- 伸缩性：伸缩性指应用程序是否能支持更多的用户。例如，在双层 GUI 应用程序中，通常对每个用户都提供一个数据库连接，如果有 10 000 个用户，则需要建立 10 000 个数据库连接。而在分层结构中，可采用数据库连接池机制，用少量数据库连接支持多个用户。应用的层越少，可以增加资源（如 CPU 和内存）的地方就越少。层数越多，可以将每层分布在不同的机器上，例如，在一组服务器作为 Web 服务器，一组服务器处理业务逻辑，还有一组服务器作为数据库服务器。
- 维护性：维护性指的是当发生需求变化，只需要修改软件的某一部分，不会影响其他部分的代码。层数越多，维护性也会不断提高，因为修改软件的某一层的实现，不会影响其他层。
- 扩展性：扩展性指的是在现有系统中增加新功能的难易程度。层数越少，增加新功能就越容易破坏现有的程序架构。层数越多，就可以在每个层中提供扩展点，不会打破应用的整体架构。
- 重用性：重用性指的是程序代码没有冗余，同一个程序能满足多种需求。例如，业务逻辑层可以被多种表述层共享，既支持基于 GUI 的表述层，也支持基于 Web 页面的表述层。代码的重用可以减少开发人员重复烦琐的工作，提高开发效率。
- 管理性：管理性指的是管理系统的难易程度。将应用程序分为多层后，可以将工作分解给不同的开发小组，从而便于管理。应用越复杂，规模越大，需要的层就越多。软件分层后，各个开发小组只需要掌握该层需要的技术，可以高效率地并行开发，这是加快开发速度、保证项目开发进度的最好办法。

4.1.4 组件式开发

从系统的灵活性角度考虑，我们采用组件式软件开发方式，从业务上将系统划分为若干个子系统；在每个子系统的内部实行功能方面，将系统划分为一个个相对独立的功能组件，相互之间基于接口进行通信。这样更好地反映了面向对象的软件开发思想，能够根据用户业务的变化，对系统进行灵活的功能增加或删减，以便更好地满足用户的需求。

4.2 系统开发总体方案

基于上述系统开发的基本思想，本着构建一个基于 B/S 架构的应用型地理信息系统，以业务为先导，原型化、分层次、组件式的“信息系统的设计思想”进行太湖水质目标管理平台系统的开发。它采用了目前主流的软件开发思想，能够较好地满足系统的开发和建设需要，能够方便日后的功能扩展与系统的升级维护。

(1) 平台研发环境

太湖水质目标管理平台的研发环境主要包括数据库系统环境、平台开发环境等。数据库系统选用 Oracle10g(与用户单位相同的数据库版本)，平台开发环境主要采用.Net Framework4.0 以及 ArcGIS Server10.2。

(2) 平台研发技术

太湖水质目标管理平台的研究技术主要包括前台 GIS 渲染技术、地图展示、网络安全、浏览器兼容性、测试。线、面渲染技术主要采用 API 渲染接口和图例风格设置；柱状统计图主要采用 JavaScript 的 graphiclay 插件以及 Div 图层的自动缩放技术；图层图例控制主要采用图层动态读取的方式，且仅显示当前图层图例。

基于速度的考虑，大数据量的地图发布采用图片静态发布的形式；

针对数据库的建设，采用与用户单位业务数据库直连的方式；

针对模型集成，模型接口标准依然采用插件化驱动引擎进行；

针对平台的设计，为方便用户使用，太湖水质目标管理平台采用 B/S 框架客户端浏览技术，主要采用 IE(含 360)以及谷歌浏览器对平台进行访问；

另外针对平台的测试工作主要包含白盒测试、用力测试以及用户测试三个方面。

（3）平台部署环境需求

系统部署应用环境要求：

- 客户端网页浏览器版本在 IE 8.0 以上，以 Chrome16，Firefox 23 为主，兼顾 360 浏览器 6.0 以上版本；
- 平台系统部署在应用单位同一局域网内；
- 数据库采用 ORACLE 10g 版本数据库软件：Oracle 11.2(64 位)；
- 平台本地数据库(ORACLE 10g)与用户单位业务数据库直连的数据库建设方式。

4.3 关键技术

（1）面向太湖水质目标管理的多源异构统一数据库建设技术

太湖水质目标管理平台数据包括水质、水文、气象、水文、社会经济、污染物等，数据来源、数据类型多样，时空尺度不一，需要对数进行规范化整编。课题组采用数据抽取—转换—插补—入库技术，进行数据的自动清洗、抽取和转换，采取统一的数据质控体系，保证入库数据的一致性，建成面向多源异构统一数据库的技术体系。在业务数据方面采取与用户单位业务数据库直连的方式，完善统一数据库的建设，支撑太湖水质目标管理的模型模拟以及平台的运行。

（2）基于太湖水质目标管理多维模型插件式动态耦合集成技术

太湖水质目标管理平台涉及太湖水质目标管理六大多维模型，各模型输入条件复杂，输出数据之间存在多向的关联关系。考虑到平台模型的集成运行效率，采用本地 dll 插件式模型集成技术，研发模型集成标准化接口，研制模型集成模版的可视化自定义配置方法，实现六大模型的耦合集成运算以及与平台集成运行。

（3）基于 WebGIS 水环境领域大数据可视化表征技术

太湖水质目标管理平台六大模型计算结果需要实时、动态地进行可视化展示，流域河网河段一千余条，单个模型半年运算的数据记录条数达几十万条，对计算结果的可视化提出较高的要求。平台综合利用时态、多维、分层、网络等可视化技术，围绕用户单位的业务需求，设计了地图服务接口与图表定制模块，通过统计图表、空间渲染、热点图、地图动画等表现形式，实现了水环境领域大数据实时的动态化、可视化、多元化表征与展示，支撑课题水质目标预测与流域行政单元里污染物削减计算、太湖水环境现状与评估两大业务功能的可视化展示。

4.4 系统功能实现

平台功能切实围绕用户单位业务管理需求进行设置，满足水环境日常管理的需要。平台针对太湖流域管理局工作人员日常业务分工特点，进行分角色功能设置，系统管理员可操作预处理系统，包括空间数据管理、监测数据管理、模型预处理和系统管理四个后台功能模块；业务员使用的模型运行管理系统，包括水质目标与污染排放削减管理、太湖水环境现状与评估、方案对比遴选、决策分析报告四个前台功能模块。

系统管理员对流域基础地理信息、水质监测站、水文监测断面、气象台站等数据进行数字化、空间化的集成管理与更新查询，满足了流域环境管理部门对湖泊流域多源异构数据查看、使用、检索、编辑、更新的工作需求。

业务员基于太湖水质目标模型、太湖水环境容量计算模型、河道入湖污染物削减分配模型、平原区河网污染物质输移模型、污染通量削减空间分配优化模型六大模型实现了面向湖泊水质目标的流域污染物减排分区与核算（反算）、基于平原区河网污染物质输移模型和太湖水环境评估模型实现了不同流域控制手段下的水环境变化模拟（正算）。其反算功能可概括为通过构建一套“水质目标估算－水环境容量评估－入湖污染物分配－河道污染物输移－流域单元污染物减排核算”的倒逼式管理体系，实现不同水质目标条件下，流域及其湖泊各关键节点污染物限排/减排量的自动化、动态化估算与可视化展示，为流域环境保护部门对污染管控分区、环境保护规划的管理提供数字化的决策依据；正算功能可概括为通过对不同流域管控措施与手段下（流域河道流量、污染源排放类型、排放量）的河网水质变化与湖泊水环境演变特征进行模拟与可视化展示，为流域环境管理部门在水保措施制定、水文调度等方面的日常工作提供可操作、可量化的决策依据。

4.4.1　预处理系统

预处理子系统，主要由系统管理员通过后台控制在空间数据管理模块实现了图层的信息查看(属性表、地图属性信息)、地图缩放、在线增加河流和监测点空间信息的功能；在监测数据管理模块可查看不同类型监测站点图层，并检索每个点位包含的业务监测数据；在模型预处理模块实现了对模型的禁止及启用、编辑、注册、更新、模型文件配置和配置文件下载等功能；在系统管理模块实现了对角色、用户的权限管理，在数据方面实现对数据字典、数据源参数配置的增加、删除、保存以及模型模板参数设置的功能。

4.4.1.1　空间数据管理

在空间数据管理中左侧以树状结构展示了太湖流域省、市、县行政区划，乡镇界限数据，太湖流域概化河网，太湖流域湖泊，太湖流域高程数据，太湖流域水功能分区，太湖格网，太湖分区，湖体水深，入湖口，太湖气象监测站，太湖水质监测站，太湖流域水文站和太湖流域水质站 16 个空间图层；右侧为地图的可视化展示，实现了对平台系统进行地图工具(放大、缩小、选择、识别)、要素(线、点图层)编辑(添加、删除、更新)、地图与属性表之间的双向查询(如图4－1)，也可通过左键选中图层后拖拽进行图层显示效果的改变。

图 4－1　空间数据管理界面

4.4.1.2 监测数据管理

在监测数据管理中，实现了图层筛选、空间点位基本信息查询及其监测数据的查询、添加、删除、更新。通过平台数据库与水文局的水雨情与水质数据库直连，在监测数据管理中实现各监测数据的动态查看，并展示其长时间序列监测数据，如水质包括测站名称、时间、化学需氧量、氨氮、总磷、总氮等指标的直观性展示，支持基于站点名称、监测时间的监测数据检索(如图 4-2)。

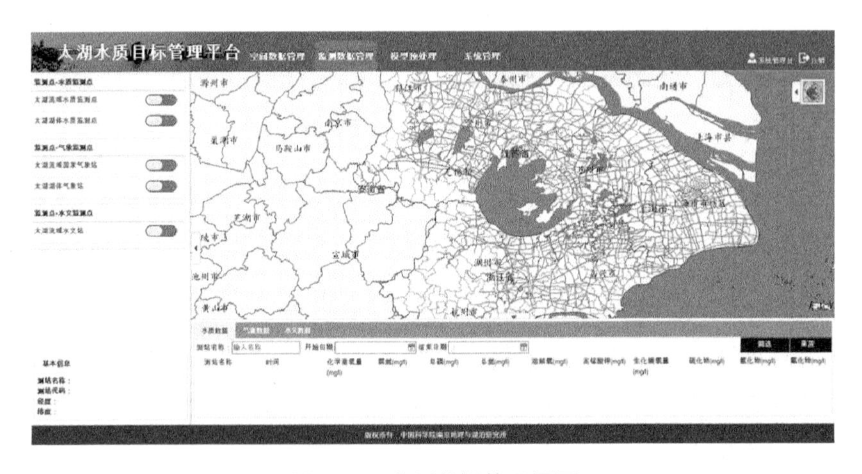

图 4-2 监测数据管理界面

在监测数据管理中，平台数据库存储的业务数据包含 2011—2014 年太湖流域 451 个水质监测站点的监测数据、33 个太湖湖体水质监测站点监测数据、5 个太湖流域国家气象站站点监测数据、1 个太湖湖体气象站站点监测数据、86 个太湖流域水文监测站点监测数据，实现了在监测站点图层打开时，地图展示与数据表格的识别筛选查看功能。

4.4.1.3 模型预处理

在模型预处理中实现了查看或编辑基础的模型信息，配置模型运行需要的参数的功能(如图 4-3)。

在模型预处理中包括模型分类、模型名称、创建时间、状态、操作五个部分。通过分类展示计算模型(太湖水质目标模型、湖泊目标水质容量模

图 4-3　模型预处理界面

型、河道入湖污染物削减分配模型、平原区河网污染物质输移模型、河网污染通量追溯模型、污染通量削减空间分配优化模型、太湖水生态评估模型）所属湖体/流域，最终以列表方式展示模型，支持动态管理。通过直接上传模型配置文件进行模型配置，实现了模型注册、输入输出文件、静态文件、动态文件和过程文件的下载查看、删除、重传、修改，同时也实现了对模型禁停应用的功能。

4.4.1.4　系统管理

在系统管理中包括用户角色、用户管理、权限管理、数据字典、数据源配置、模型模板管理五个部分，在用户方面实现了对角色、用户权限的管理（创建、删除、选择），在数据方面实现了对数据字典、数据源配置以及模型模板进行管理（如图 4-4）。

"用户角色"实现了角色（编号、角色名称、状态）筛选、新增、删除、查询等基本功能，同时实现其权限的分配、修改等功能；

"用户管理"实现了筛选（姓名、部门、职位）、新增、删除、修改等基本功能，同时实现了角色的关联管理、属性信息（编号、姓名、登录名、部门、职位、角色）查询等功能；

"权限管理"实现了筛选（编号、功能名称、状态），权限菜单新增、修改、启

图 4-4　系统管理界面

用、禁用等管理，同时支持批量删除、属性信息（编号、功能名称、排序、中文名称、路径、图标路径、上级功能名称）查询等功能；

“数据字典”通过树形结构展示数据字典，实现了数据字典的新增、保存、删除和信息查看（字典名称、字典编码、父级分类、等级、状态、分类、描述）等功能；

“数据源配置”通过树形结构展示模型数据源参数，实现了数据源的查看、导入、新增、保存和删除等功能；

“模型模板管理”通过拖拽左侧数据集的方式实现数据的加载操作（保存和显示数据），通过双击右侧数据集中的参数实现参数移除功能，同时实现了模型数据集的查询，模型选择、保存和重置等功能。

4.4.2　模型运行管理系统

模型运行管理系统主要由业务员基于单个模型运算或多个模型耦合计算，实现了水质目标确定、水环境容量计算、入湖河道容量分配、污染物排放量核算与污染物排放削减等 5 个反算的业务功能，以及实现流量控制方案评估、排污控制方案评估 2 个正算业务功能，并对运行结果进行地图、图形、表格多种手段的可视化展示、统计分析与决策报告发布，如将模型计算的水质目标与国控目标对比、模型计算的环湖河道容量与污染物入河（湖）总量控制目标对比，为用户单位日常管理工作带来较大的便利。对反算流程中计算出的每种方案，进行不同方案对比遴选，并择优发布决策报告以便领导进行查看和分析决策，实现“水质目标管理—流域污染减排”的一体化湖泊水环境管理模式，实现不同水质目标条件下，流域及其湖泊各关键节点污染物限排/减排量的自动化、动态化估算与可视化展示，为流域环境保护部门对污染管控分区、环境保护规划的管理提供数字化的决策依据；同时利用正算模型，提供根据流域主要入湖河道流量、污染源位置与排放量变化对周围河网水质与湖泊水质的影响，切实满足单位日常管理的需要。

4.4.2.1　面向湖泊水质目标的流域污染物减排分区与核算

通过一定水文气象条件下模型模拟出的太湖水质目标条件，计算出流域行政区划上的污染物削减通量，如在平台左侧选择“污染物排放削减”功能菜单，平台则会自动调用5个模型依次参与计算。

用户通过方案创建、数据输入、模型运行和运行结果可视化展示四个步骤实现面向湖泊水质目标的流域污染物减排分区与核算。

1. 方案创建

在方案创建中，完成方案名称的输入、时间计算和水质目标的选择，其中计算时间包括周期性时间（年、季、月）和自定义时间（由用户自由选择时间段）；目标选择包括国家考核目标、动态管理目标和自定义水质目标，如选择2020或2030年国家考核目标，下方显示区域会出现对应的太湖2020/2030年COD、NH_3N、TP、TN目标值，如选择动态管理目标，则使用由模型计算的太湖水质目标（仅当用户选择动态管理目标时，才会启动水质目标模型进行计算），如选择自定义水质目标，用户在水质目标对应的输入框中输入数据，使用由用户输入的水质目标值。

2. 数据输入

在数据输入中，完成模型计算所需水文气象条件的输入，可以使用典型水文年水文气象条件（丰水年、平水年和枯水年），用户也可自定义水文气象条件。当自定义水文气象条件时，用户需对水位、降水和环湖河道流量进行设置，其中水位、降水可直接输入数值也可选择各保证率情景下的水位、降水条件（保证率情景库的数据，根据历史近四十年的数据统计得来）。

3. 模型运行

在模型运行中,根据用户在左侧选择的功能菜单,平台将自动调用相应模型按次序耦合计算。模型运算时,用户可查看当前模型的运算进度和平台反馈的操作日志信息。

4. 运行展示

在反算运行结果中,模型运行结果通过化学需氧量(COD)、总磷(TP)、总氮(TN)、氨氮(NH_3N)四个指标以地图渲染、数据分析、表格展示三种方式展示了太湖各湖区水质目标、水环境容量、入湖污染物分配、河网污染物输移和流域单元污染物减排核算情况。

在"地图展示"中,运行结果可进行可视化展示。界面中默认展示的时间段为方案设置时间,也可自行选择展示日期。在"选择渲染项"下,用户可自行选择渲染指标(化学需氧量、氨氮、总磷、总氮);可通过"开始"、"自动"、"停止"、"结束"四个按钮对估算结果逐月动态查看;可通过地图展示右方引导键中的按钮对地图展示放大、缩小和全局查看,也可选择下方数据展示对图中渲染结果进行数据详情查看。

在"数据分析"中,以柱状图的形式直观展示了各模型的运行结果,用户可单击对柱状图进行放大查看,也可根据需求在柱状图中展示所需要的信息。

在"表格展示"中,以数据列表的形式通过化学需氧量、氨氮、总磷、总氮各指标的值数字化展示各模型运行结果,用户可通过名称和时间对结果筛选查询。

4.4.2.2 不同流域控制手段下的水环境变化模拟

在太湖水环境现状与评估(正算)中,对不同流域管控措施与手段下(流域河道流量、污染源排放类型、排放量)的河网水质变化与湖泊水环境演变特征进行模拟与可视化展示,为流域环境管理部门在水保措施制定、水文调度等方面的日常工作提供可操作、可量化的决策依据。

创建方案:实现了用户对计算时间、水文情景和评估对象的设置。评估对象选择的不同将直接影响最终结果的展示类别,如当只选择河网水质/湖泊水质,在结果中只能显示其相应的水质情况。

数据输入:在数据库中已经录入能够支撑模型运行的数据,用户可在默认数据的情况下进行模型的运行,也可根据需求修改数据输入条件。

模型运行:在数据输入条件设置好的情况下启动模型运行。

运行展示:正算模型运行结果仍以地图展示、数据分析、表格展示三种形式通过 COD、NH_3N、TP、TN 四项指标展示河道流量、流域污染源调整对河道以及湖泊水质的影响。

地图展示:在地图展示中,其功能与反算运行结果的地图展示功能大体相同,增加了展示类别查看功能,通过对“主要河道”、“湖泊”的选择,在右侧地图展示界面中出现不同类别的地图渲染查看。

数据分析:在数据分析中,以柱状图的形式通过四项指标直观展示 22 条主要河道水质、各湖区水质与 2020 年相应的水质目标的对比情况,方便直接判断水质情况。

表格展示:在表格展示中,以数据列表的形式通过化学需氧量、氨氮、总磷、总氮各指标的值,数字化展示各个河道河段及各湖泊分区的逐月数据并且可通过需求进行结果筛选查询。

4.4.2.3 方案比对遴选

在方案对比遴选中实现了对“我的方案”和“已完成方案”的查看。按目标类型以及方案名称两种方式进行筛选、对所选方案进行逻辑删除、对自己创建且已运行完成的方案进行发布。

4.4.2.4 决策分析报告

在“决策分析报告”中实现“待发布报告”下已生成报告的发布,在“已归档报告”中可按照年度、月度、季度完成决策分析报告的查看。

将“待发布报告”分为“我的方案”和“已完成方案”。“我的方案”是当前登录用户创建的方案,在此可实现发布功能;“已完成方案”为其他人创建并运行完成的方案。同时“待发布报告”实现了以“目标类型”和“方案名称”两种方式的列表过滤(如图 4－5)。

太湖水质目标管理平台

	方案名称	计算时间	考核目标类型	水位	降水量	流量	方案状态	创建人
1	071305	2015-01	动态管理目标	25 %	25 %	25 %	已发布	周经
2	071304	2014年第1季度	动态管理目标	25 %	25 %	25 %	已发布	周经
3	071302	2015-02	国家考核目标	5 %	25 %	25 %	已发布	周经
4	071301	2014年第1季度	国家考核目标	25 %	25 %	25 %	已发布	周经
5	071203	2014	动态管理目标	25 %	25 %	25 %	已发布	周经
6	070502	2014	动态管理目标	25 %	25 %	25 %	已发布	周经
7	070501	2014	国家考核目标	25 %	25 %	25 %	已发布	周经
8	0704009	2014-01	国家考核目标	25 %	25 %	25 %	已发布	周经
9	0704007	2014年第1季度	国家考核目标	25 %	25 %	25 %	已发布	周经
10	070407	2014年第1季度	国家考核目标	25 %	25 %	25 %	已发布	周经

图 4-5　决策发布报告—待发布报告(已完成方案)

在“已归档报告”实现了左侧树形按年份进行分组，每组分列包含年度报告、季度报告以及月报告，并实现了选择相应的报告名称可以查看报告的内容，同时提供导出和打印功能(如图 4-6)。

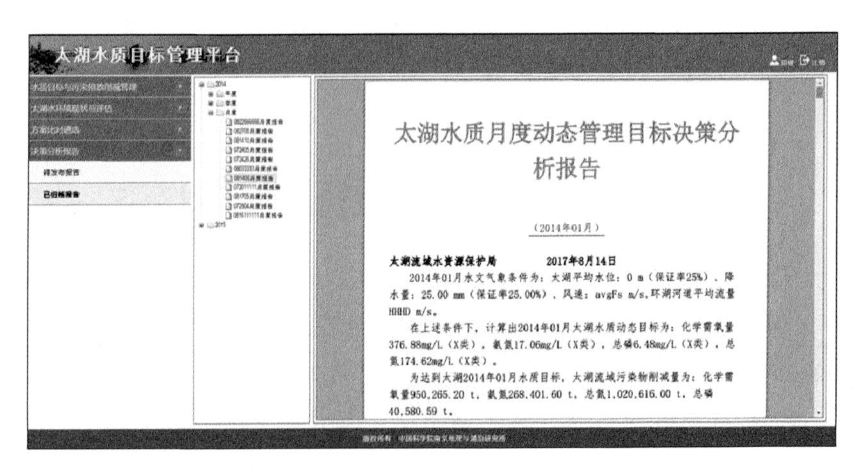

图 4-6　决策分析报告—已归档报告界面

决策分析报告中以平台内模型模拟与核算结果为依据，呈现出不同管理方案(水质目标管理、污染物减排与分区管理、流域调控措施)，实现多目标决策报告定制、可视化在线生成与发布，为水环境管理提供分析决策。

5　太湖水质目标管理平台应用案例分析

将平台部署在太湖流域管理局水文局(信息中心),由太湖流域水资源保护局作为用户单位进行示范应用,太湖水质目标管理平台应用效果得到了充分的肯定。以下从业务操作人员可操作的面向湖泊水质目标的流域污染物减排分区与核算(反算)、不同流域控制手段下的水环境变化模拟(正算)两个方面进行操作体验说明。

5.1　面向湖泊水质目标的流域污染物减排分区与核算

计算方案在2014年上半年特定的水文情景下,水文气象条件25%保证率和75%保证率下进行两个方案的计算和对比分析。

在2014年1月至2014年6月,目标选择为动态管理目标,水文保证率为25%,降水保证率为25%,环湖河道流量保证率为25%的条件下运行“反算方案一”;其他条件(时间/目标选择)不变,只改变数据输入条件,设置水文保证率为75%,降水保证率为75%,环湖河道流量保证率为75%的条件下运行“反算方案二”;并在“方案对比遴选”中比较查看两反算方案的结果,选择合适的运行方案。

5.1.1　2014年水文气象保证率25%与75%的流域污染减排

第一步,方案创建。输入方案名称“反算方案一”,计算时间选择自定义时间，并将时间设置为 2014 年 1 月至 2014 年 6 月，目标选择为动态管理目标，即目标使用由模型计算出的目标(如图 5－1)。

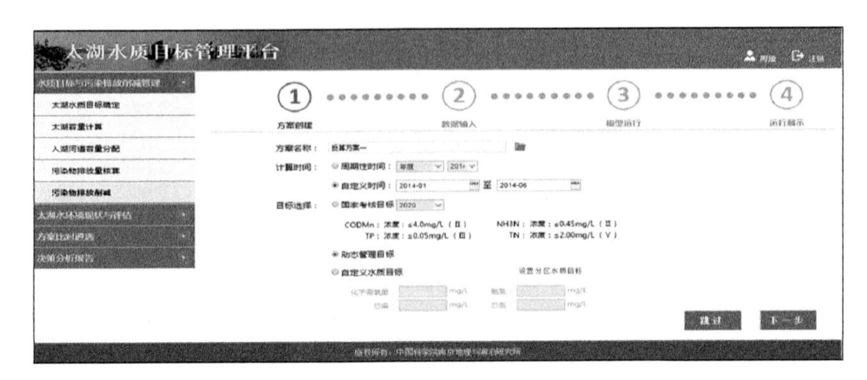

图 5－1 “反算方案一”方案创建界面

第二步，数据输入。选择自定义水文气象条件，水文保证率为 25％，降水保证率为 25％，环湖河道流量保证率为 25％(如图 5－2)。

图 5－2 “反算方案一”水文气象条件输入界面

第三步，模型运行。启动“反算方案一”模型运行，5 大模型依次参与运算(如图 5－3)，界面上会显示每个模型计算的进度。

第四步，运行展示。“反算方案一”运行结果中可通过选择对 5 个业务功能进行结果查看，依次对每个业务功能结果进行地图展示、数据分析、表格展示的查看，默认进去的为地图展示界面。

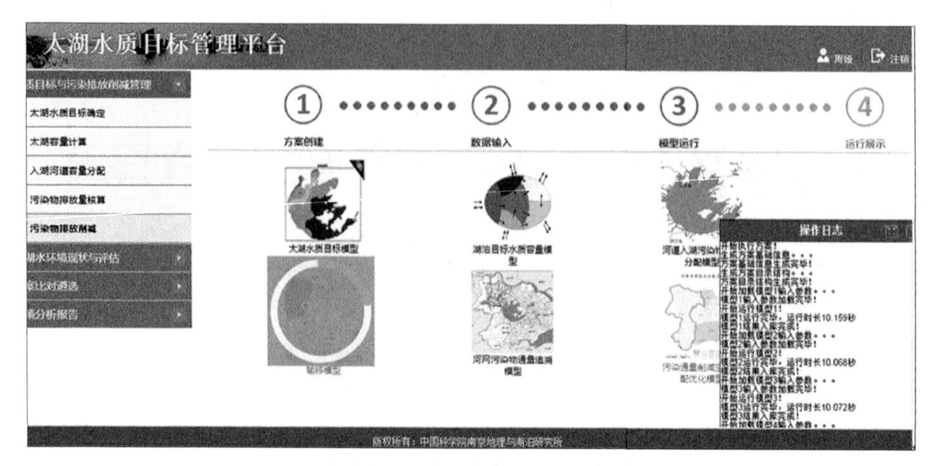

图 5-3 “反算方案一”(模型运行)界面

5.1.1.1 太湖水质目标计算

地图展示：以化学需氧量(COD)此指标为例，由图可直观看出，当运算时间为 2014 年 1 月到 2014 年 6 月时，贡湖、东太湖和西部沿岸区水质处于Ⅱ类，水质较优，竺山湖、梅梁湖、湖心区和南部沿岸区水质处于Ⅲ类(如图 5-4)。

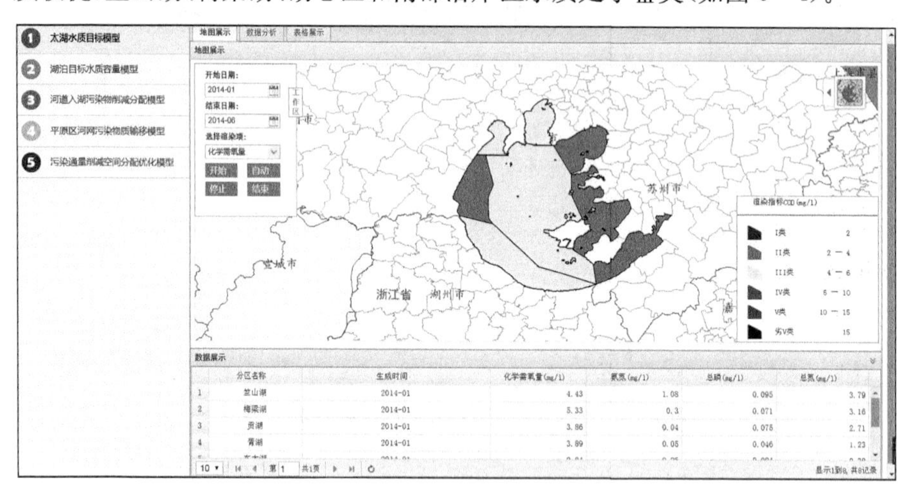

图 5-4 “反算方案一”模型运行地图渲染结果(太湖水质目标模型 COD)

数据分析：从统计结果来看，通过与 2020 年国家考核水质目标对比，各湖区各指标大体上符合要求，但是也有个别湖区水质情况超标的情况。就化学需氧量此指标而言，在 6 个月的计算时间内，全湖区水质目标情况与 2020 年国家水质目标情况基本吻合，但 2014 年 4 月西部沿岸区的 COD 浓度达到 7.99 ml/L，与国控标准 4 ml/L 相比处于超标情况，而东太湖、胥湖和贡湖在任何月份水质浓度均不超过国控标准，其水质情况表现良好（如图 5-5）。

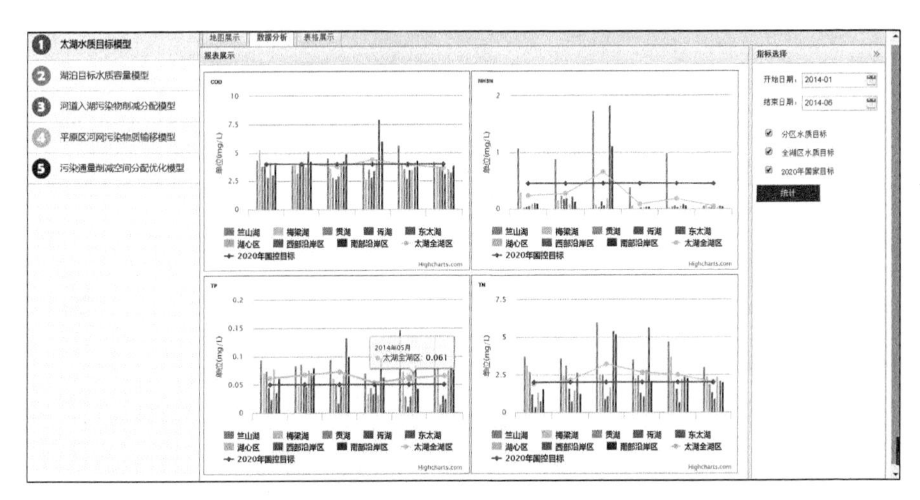

图 5-5 “反算方案一”模型运行数据分析结果（太湖水质目标模型）

表格展示：在“反算方案一”结果中，从表格中可以清晰地看到共显示 48 条数据，其中就化学需氧量此指标而言，最大水质浓度为 4 月份西部沿岸区 7.99 ml/L，最小数值为 3 月份胥湖 2.65 ml/L（如图 5-6）。

太湖水质目标模型
湖泊目标水质容量模型
河道入湖污染物削减分配模型
平原区河网污染物质输移模型
污染通量削减空间分配优化模型

地图展示 数据分析 表格展示

输入分区名称 开始日期：2014-01 结束日期：2014-06 筛选 重置

分区名称	时间	化学需氧量(mg/l)	氨氮(mg/l)	总磷(mg/l)	总氮(mg/l)
竺山湖	2014-01	4.43	1.08	0.095	3.79
竺山湖	2014-02	3.89	0.9	0.084	3.62
竺山湖	2014-03	4.6	1.75	0.095	6.02
竺山湖	2014-04	4.25	0.38	0.07	3.56
竺山湖	2014-05	5.68	1	0.147	4.74
竺山湖	2014-06	4.26	0.06	0.134	3.04
梅梁湖	2014-01	5.33	0.3	0.071	3.16
梅梁湖	2014-02	3.96	0.16	0.048	2.5
梅梁湖	2014-03	3.65	0.09	0.062	2.59
梅梁湖	2014-04	2.7	0.07	0.034	2.26
梅梁湖	2014-05	4.15	0.04	0.074	3.74
梅梁湖	2014-06	3.79	0.08	0.083	2.4
贡湖	2014-01	3.86	0.04	0.075	2.71
贡湖	2014-02	3.17	0.24	0.086	3.14
贡湖	2014-03	2.84	0.05	0.053	2.55
贡湖	2014-04	3.55	0.01	0.044	2.48
贡湖	2014-05	3.61	0.05	0.029	2.05
贡湖	2014-06	3.72	0.03	0.015	1.87
胥湖	2014-01	3.89	0.05	0.046	1.23
胥湖	2014-02	4.17	0.19	0.05	1.64

20 第1 共3页 显示1到20，共48记录

图 5-6 “反算方案一”模型运行表格展示结果（太湖水质目标模型）

将模型一的运行结果与太湖局 2014 年 1 月至 2014 年 6 月各分区的水质情况对比分析，可知太湖水质目标计算的精度可达 65%左右。

5.1.1.2　太湖水环境容量计算

地图展示：以“化学需氧量”此指标为例，从“反算方案一”结果可以看出在太湖八个分区中水环境容量较大区域分区为贡湖和梅梁湖，其 2014 年 1 月的化学需氧量分别为 34 279.88 吨、22 183.171 吨，较小区域为东太湖，其 2014 年 1 月的化学需氧量仅为 3 579.756 吨（如图 5－7）。

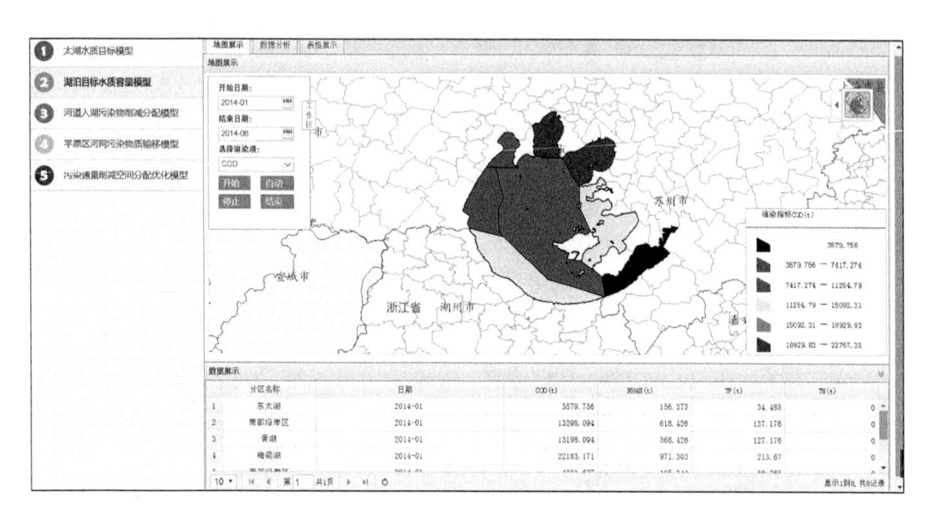

图 5－7　“反算方案一”模型运行地图渲染结果（湖泊目标水质容量模型 COD）

数据分析：以化学需氧量指标为例，从统计结果可以看出在计算时间为 2014 年 1 月到 2014 年 6 月共 6 个月时间内，其全湖区水环境容量基本保持不变，均在 128 600 吨左右，其中在各个月份各湖区的水环境容量也大体相同，东太湖均处于最小值状态（如图 5－8）。

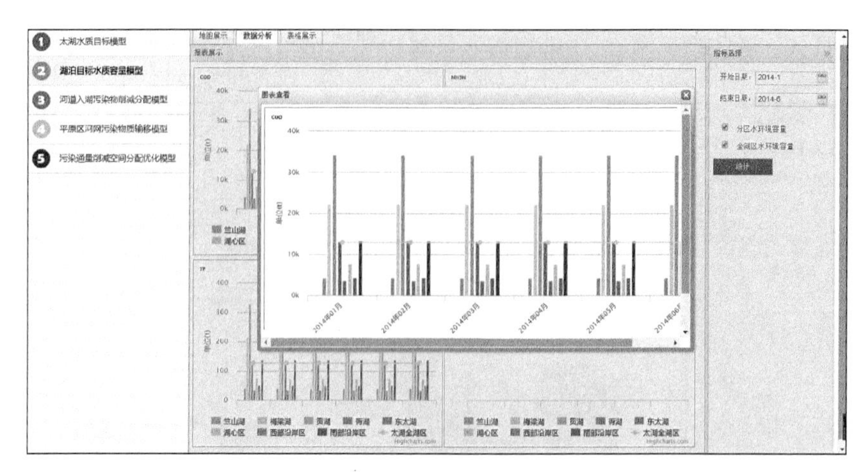

图 5-8　“反算方案一”模型运行地图数据分析(湖泊目标水质容量模型)

5.1.1.3　太湖环湖河道入湖污染物削减分配

同样通过四个指标以地图展示、数据分析和表格展示三种方式展示河道入湖污染物削减量(如图 5-9)。

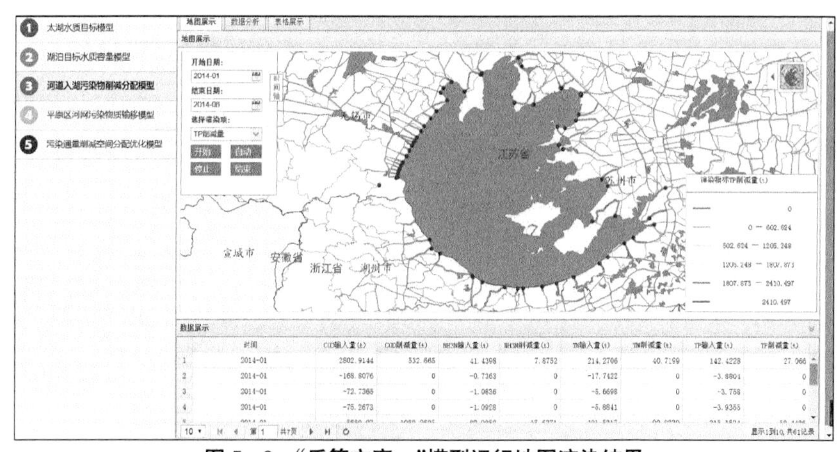

图 5-9　“反算方案一”模型运行地图渲染结果
(河网入湖污染物削减分配模型 COD 削减量)

数据分析：在数据分析中，实现了在柱状图中查看各省份入湖河道污染物排量实际排污量与 2015、2020 年标准的对比结果，直观显示各省份排量的超标情况。

从统计结果来看，江苏省、浙江省入湖河道污染物输入量与 2015 年污染物控制标准相比，氨氮指标完全符合要求，化学需氧量、总氮两个指标基本符合要求，而从总磷此指标来看，污染物输入量超标现象比较严重(如图 5－10)。

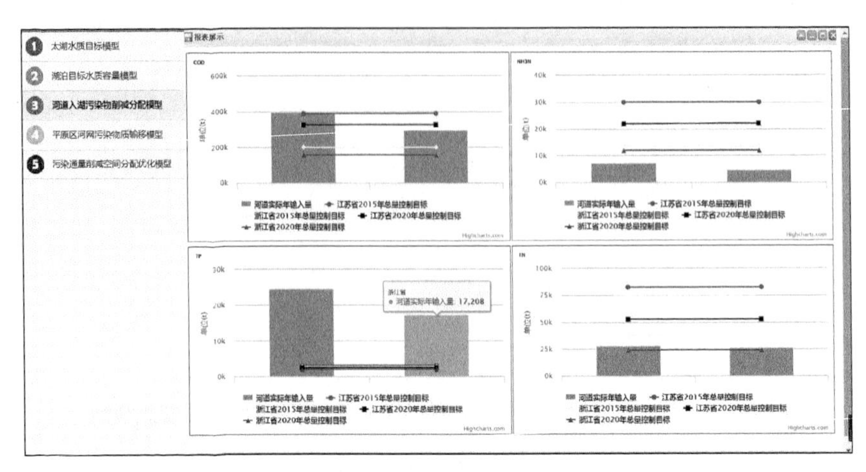

图 5－10 “反算方案一”模型运行数据分析结果

(河网入湖污染物削减分配模型-限排标准)

5.1.1.4 流域污染物通量削减空间分配优化

从结果中可以明显看出污染物在流域单元上的分配情况，其中 2014 年 1 月在江苏省常州市武进区化学需氧量达到 167.103 吨，江苏省无锡市宜兴市化学需氧量达到 280.437 吨，是污染物质排量较大的区域(如图 5－11)。

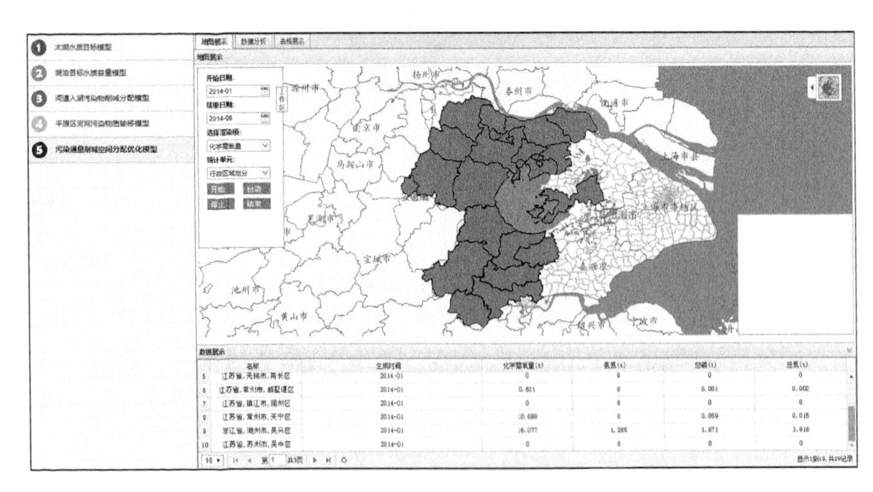

图 5－11 “反算方案一”模型运行地图渲染结果

(污染通量削减空间分配优化模型 COD)

综上可知:2014 年 1 月到 2014 年 6 月,在水位、降水环湖河道保证率均为 25%的情况下,以化学需氧量此指标为例,贡湖、东太湖和西部沿岸区水质处于Ⅱ类,水质较优,竺山湖、梅梁湖、湖心区和南部沿岸区水质处于Ⅲ类;水环境容量中东太湖最弱,竺山湖和西部沿岸区较弱,胥湖和南部沿岸区最大;从流域单元污染物减排来看,竺山湖和西部沿岸区交接处的江苏省无锡市宜兴市达到 280.437 吨,数值较大,若改善水质则需对宜兴市污染物进行减排。

5.1.2 方案对比

在“方案对比遴选”中,根据对比结果完成方案的发布。对“反算方案一”(保证率 25%)和“反算方案二”(保证率 75%)运行结果对比查看(如图 5-12、图 5-13)。

图 5-12 “反算方案一”和“反算方案二”对比

基础参数:

	计算时间	水文气象条件			目标浓度			
		水位	降水量	环湖河道	化学需氧量	氨氮	总磷	总氮
反算方案一	2014-01--2014-06	25 %	25 %	25 %	0.0670	1.8180	0.1770	3.9250
反算方案二	2014-01--2014-06	75 %	75 %	75 %	0.1730	3.9670	0.8530	6.6340

图 5-13(续)

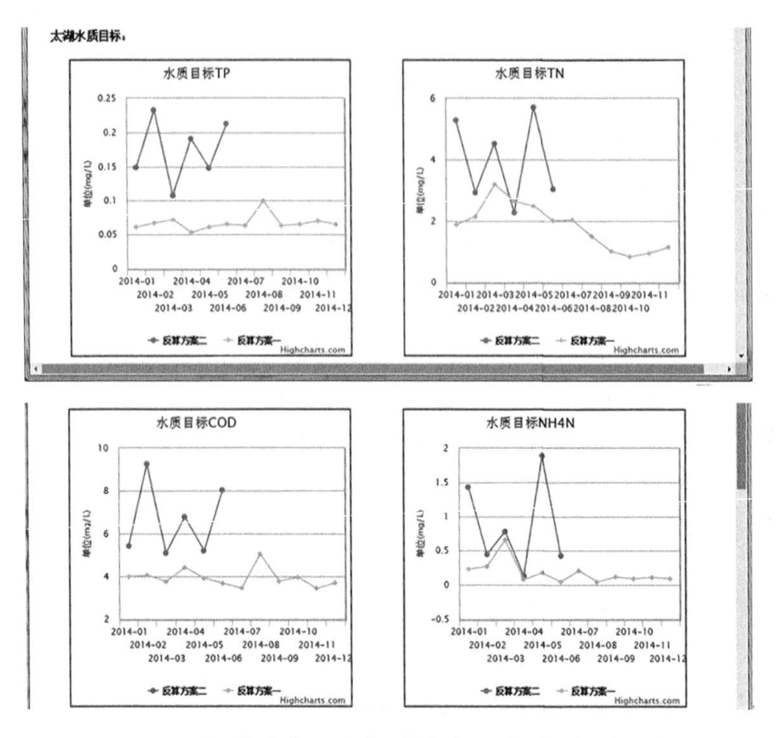

图 5-13 “反算方案一”和“反算方案二”水质目标对比结果

5.2 不同流域控制手段下的水环境变化模拟

2014 年 1—6 月漕桥河上宜兴市建邦环境投资有限公司南漕污水处理厂排污口生活污水的废水排污量为 190 吨，水文情景年设定“丰水年”，创建“正算方案一”，在其他条件均不变的情况下，漕桥河上宜兴市建邦环境投资有限公司南漕污水处理厂排污口生活污水的废水排污量由 190 吨调整为 90 吨，创建“正算方案二”。通过两个正算方案的运行进行对比，分析排污量的调整对流域河网及太湖湖泊水质的影响。

5.2.1 排污口排污量调整对太湖水质的影响分析

正算方案的创建流程和反算方案相同，即方案创建、数据输入、模型运行与运行展示。

第一步，方案创建。创建“正算方案一”，设置计算时间为 2014 年 1 月至 2014 年 6 月，水文情景则选择“丰水年”，评估对象为“河网水质”与“湖泊水质”（如图 5－14）。

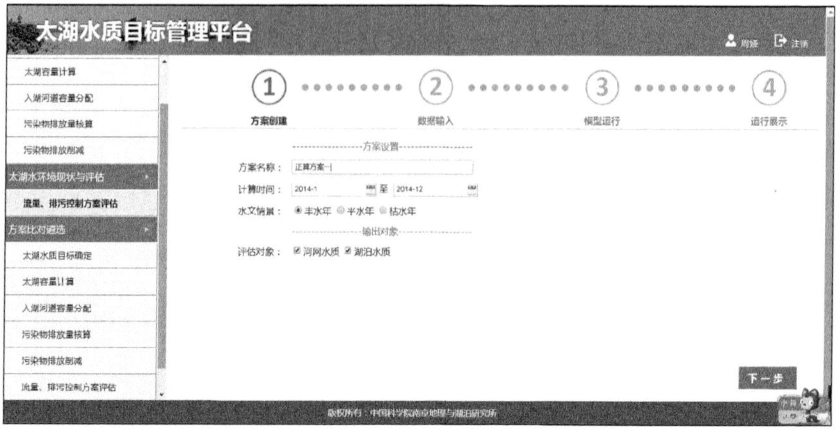

图 5－14 “正算方案一”方案创建界面（初始条件—污染源—点源）

第二步，数据输入。现将 2014 年 1 月到 2014 年 6 月平台默认状态下的边界条件（环湖河道流量数据、环湖河道水质数据、流域河网节点边界水质）、初始条件（污染源—点源、流域河网入湖节点水质、湖体水质数据）、外部函数（湖体气象日数据、气象辐射风场逐时数据、河道降解系数、环湖河道降解系数）作为“正算方案一”的数据输入（如图 5－15）。

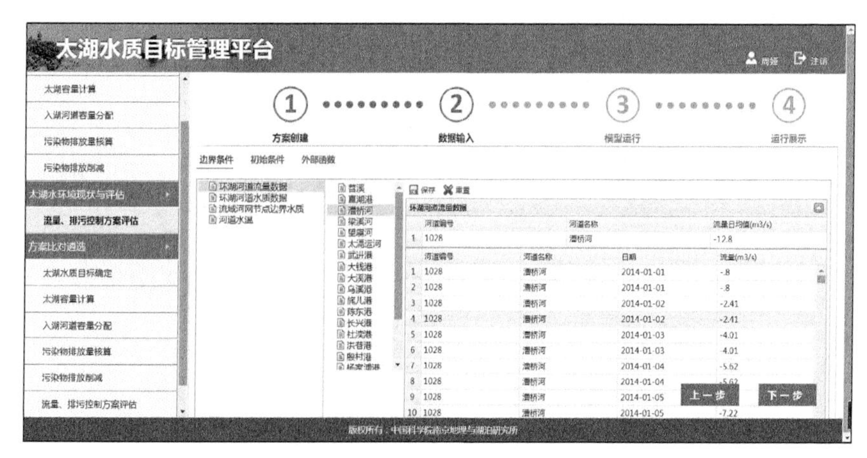

图 5－15 “正算方案一”数据输入界面（初始条件—污染源—点源）

第三步，模型运行。与反算相同，启动正算模型运行。

第四步，运行展示。在正算运行展示中，仍以地图展示、数据分析和列表展示三种形式展示。

地图展示：从“正算方案一”地图展示的结果来看，以氨氮指标为例，河道水质大体上处理Ⅳ类水质，有个别河段处于Ⅲ类水质(河段编号为 2126 的九曲河)(如图 5 - 16)。

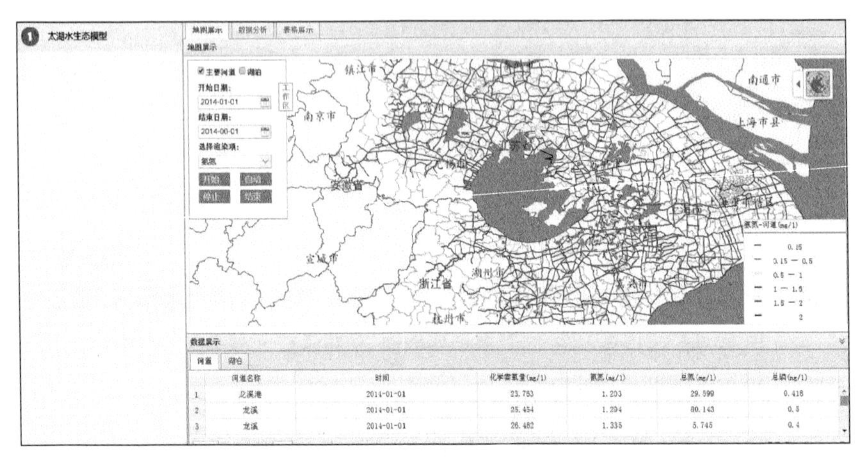

图 5 - 16 “正算方案一”模型运行河道地图渲染结果(NH_3N)

对湖泊水质进行查看，由运行结果可知东太湖、胥湖水质属于Ⅰ类水质，湖心区水质属于Ⅱ类水质，从渲染结果来看，湖泊水质整体情况良好(如图 5 - 17)。

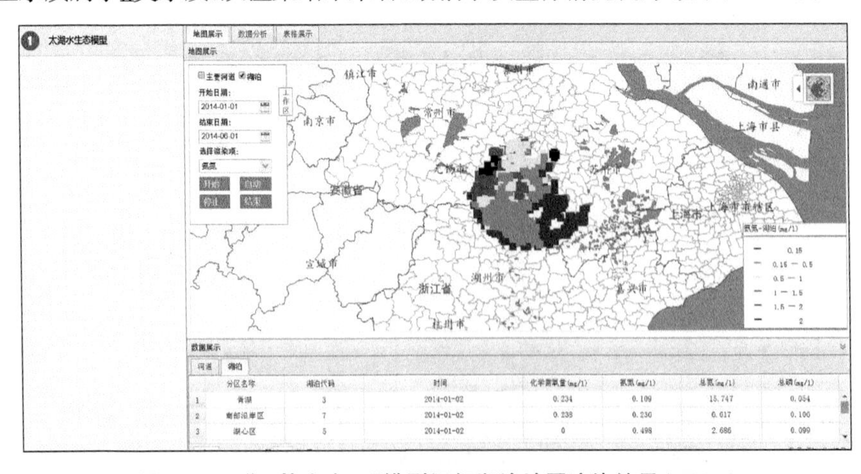

图 5 - 17 “正算方案一”模型运行湖泊地图渲染结果(NH_3N)

数据分析：在数据分析中，以柱状图的形式通过四项指标直观展示22条主要河道水质、各湖区水质与2020年相应的水质目标的对比情况，方便直接判断水质情况。

从结果统计来看，“正算方案一”的河道（直湖港）水质NH_3N指标与2020年国控标准相比基本符合标准（如图5－18），在湖泊统计结果中能够明显看出各个指标均能反映出东太湖水质情况较好（如图5－19）。

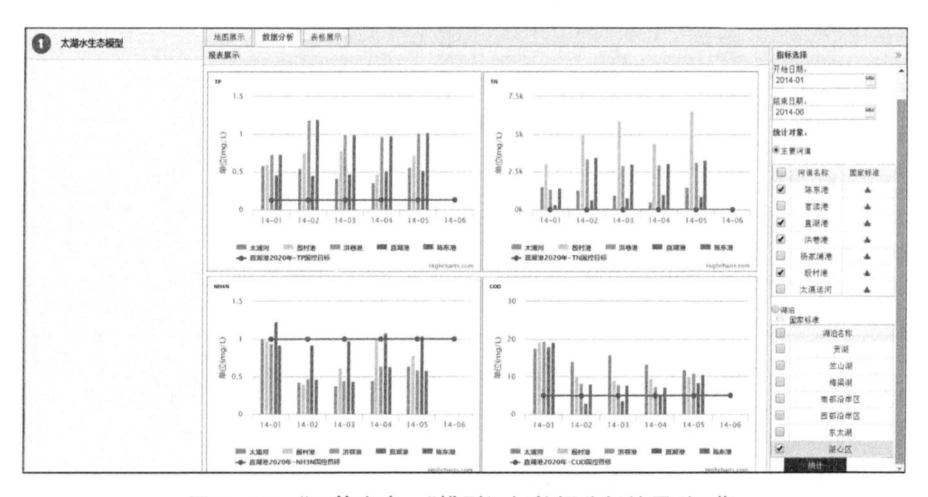

图5－18　“正算方案一”模型运行数据分析结果（河道）

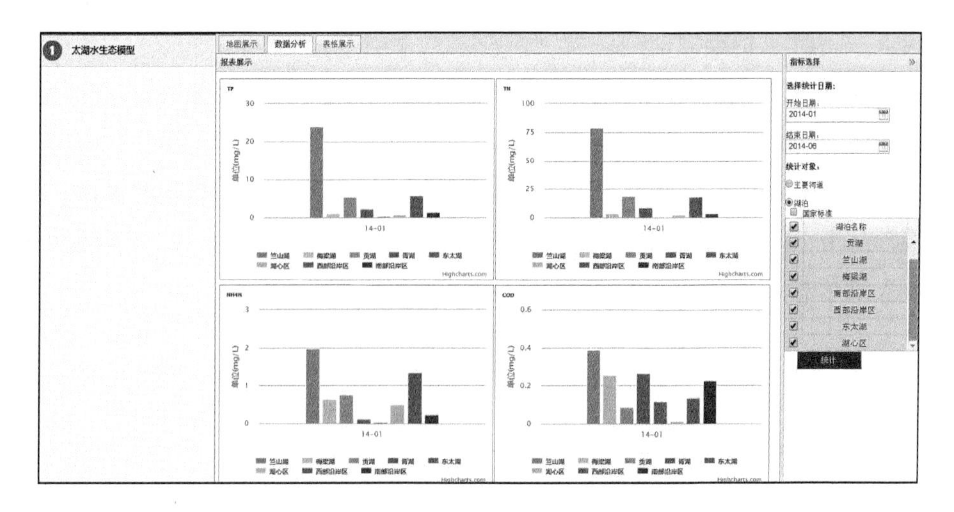

图5－19　“正算方案一”模型运行数据分析结果（湖泊）

表格展示:在“表格展示”中,以数据列表的形式通过化学需氧量、氨氮、总磷、总氮各指标的值数字化展示各个河道河段及各湖泊分区的逐月数据并且可通过需求进行结果筛选查询(如图 5-20)。

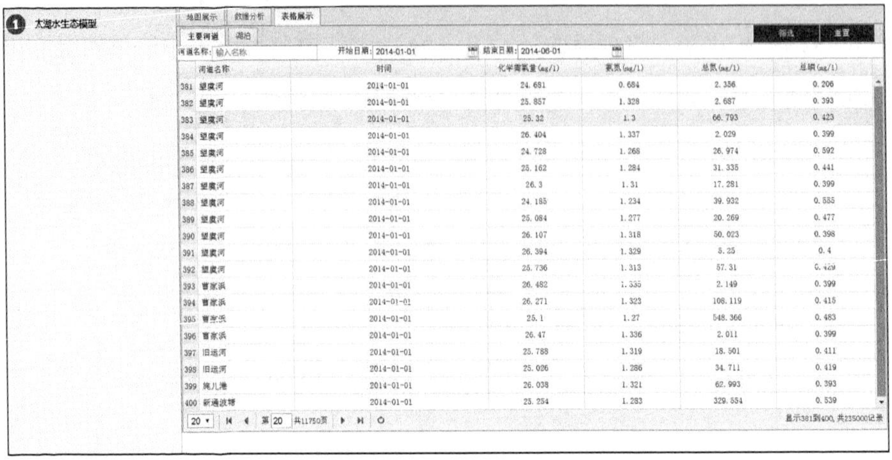

太湖水生态模型

地图展示 数据分析 表格展示

主要河道 湖泊 筛选 重置

河道名称: 输入名称 开始日期: 2014-01-01 结束日期: 2014-06-01

	河道名称	时间	化学需氧量(mg/l)	氨氮(mg/l)	总氮(mg/l)	总磷(mg/l)
381	望虞河	2014-01-01	24.681	0.684	2.356	0.206
382	望虞河	2014-01-01	25.857	1.328	2.687	0.393
383	望虞河	2014-01-01	25.32	1.3	66.793	0.423
384	望虞河	2014-01-01	26.404	1.337	2.029	0.399
385	望虞河	2014-01-01	24.728	1.268	26.974	0.592
386	望虞河	2014-01-01	25.162	1.284	31.335	0.441
387	望虞河	2014-01-01	26.3	1.31	17.281	0.399
388	望虞河	2014-01-01	24.185	1.234	39.932	0.555
389	望虞河	2014-01-01	25.084	1.277	20.269	0.477
390	望虞河	2014-01-01	26.107	1.318	50.023	0.398
391	望虞河	2014-01-01	26.394	1.329	5.25	0.4
392	望虞河	2014-01-01	25.736	1.313	57.31	0.429
393	曹家浜	2014-01-01	26.482	1.335	2.149	0.399
394	曹家浜	2014-01-01	26.271	1.323	108.119	0.415
395	曹家浜	2014-01-01	25.1	1.27	548.366	0.483
396	曹家浜	2014-01-01	26.47	1.336	2.011	0.399
397	旧运河	2014-01-01	25.788	1.319	18.501	0.411
398	旧运河	2014-01-01	25.026	1.286	34.711	0.419
399	施儿港	2014-01-01	26.038	1.321	62.993	0.393
400	新通波塘	2014-01-01	25.254	1.283	329.554	0.539

20 第 20 共11750页 显示381到400, 共235000记录

图 5-20 “正算方案一”模型运行表格展示结果(河道)

5.2.2 方案对比

在“方案对比遴选”中查看调整污染量(漕桥河上宜兴市建邦环境投资有限公司南漕污水处理厂排污口生活污水的废水排污量由 190 吨调整为 90 吨)对河道/湖泊水质的影响。

从“正算方案二”地图展示中可以看出个别河段的水质有明显改善,有部分河段的水质由Ⅲ类水质变为Ⅱ类水质(如河段编号为 1021 的新孟河),也有个别河段从Ⅳ类水质转变为Ⅲ类水质(如图 5-21)。其湖泊水质也有改善,例如在西部沿岸区与竺山湖交界处的水质变优(如图 28)。因此,通过控制污染源可改善水质情况。

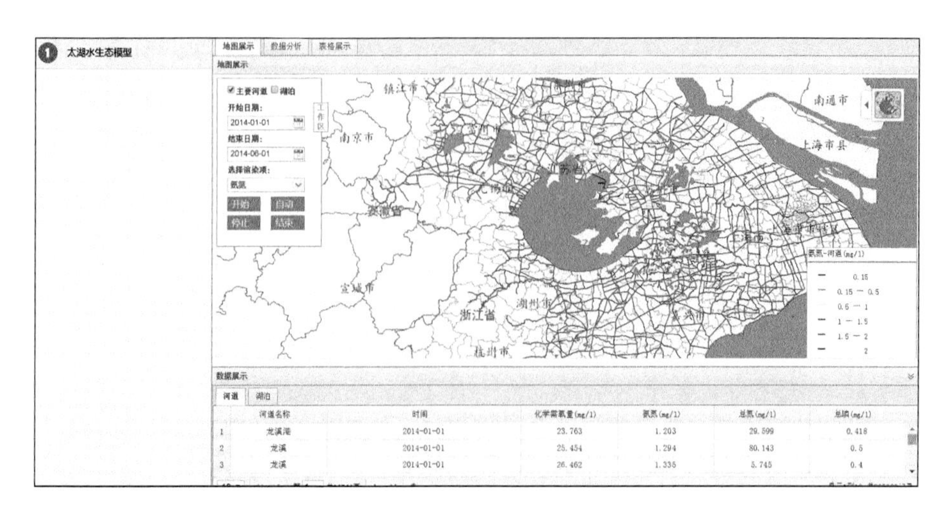

图 5-21　“正算方案二”模型运行河道地图渲染结果(NH_3N)

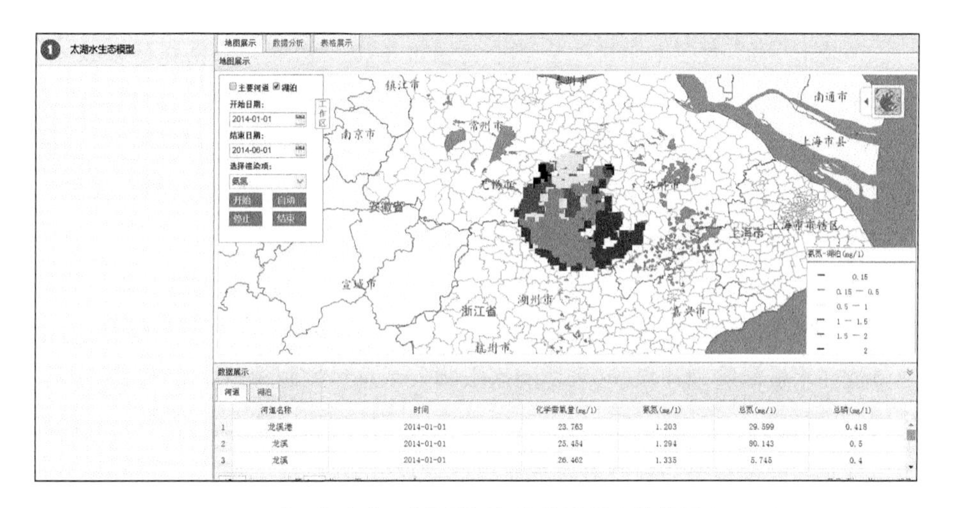

图 5-22　“正算方案二”模型运行湖泊地图渲染结果(NH_3N)

6 总结与展望

湖泊与流域是一个自然与社会密切相关的复杂的动态变化系统，湖泊生态环境退化与流域污染之间存在不可分割的联系，湖泊型流域水质目标管理应该将湖泊及其流域系统作为整体，深入研究湖泊流域系统污染物输送变化的水环境及水生态响应过程。

在技术层面，太湖水质目标管理平台通过多源异构统一数据库建设技术、多维模型动态集成技术和实时动态模拟的可视化表达技术的融合，完成了以流域与湖泊海量数据为支撑、以多维模型集成为驱动的太湖水质目标管理平台研发和部署应用，包括水质目标预测与流域行政单元里污染物削减计算、太湖水环境现状与评估两大业务功能，具有明显的技术先进性。

在实际应用层面，太湖水质目标管理平台实现了在用户单位的示范与业务化应用，其设计理念强调了为用户单位业务性、日常性工作中的指导作用，为用户单位在水资源管理和保护、水功能区限制限污总量控制等日常管理提供决策依据，具有很强的应用价值。这是国内首次实现从湖泊水质目标管理反推到流域污染物削减减排的逐级倒逼式水质目标管理体系，解决了用户单位在以往工作中以阶段考核目标(5 年/10 年国标)为唯一依据，水质目标管理在时间上无法分解到年度、空间上无法拓展到流域单元的根本性难题，填补了用户单位乃至我国水质目标管理在一体化、集成化、系统化方面的空白。另外，平台研发过程中积累了丰富的建设经验与创新性的管理思路，并将该项成果通过平台向巢湖等其他典型富营养化湖泊移植与示范，将进一步服务于水十条与河长制的管理需求，推动流域水环境管理部门在水质目标管理、水污染环境容量总量控制、流域空间减排与优化等方面的科学化、智能化决策水平。

附录 A　太湖水质目标计算方法

(1) 太湖水动力水生态模型关键参数测定

通过太湖历史资料整理、现场调查与生态环境长期变化特征分析，结合室内、野外原位试验，及藻类、水生植物等种群与群落对水质变化的响应过程研究，建立浮游植物和水生植物内禀增长率、呼吸速率、吸收氮磷速率、半饱和常数等与植物体尺寸、叶面积指数等关系，以及植物体尺寸、叶面积指数等与水质的关系，获取太湖不同阶段的特征水生植物、藻类等内禀增长率，呼吸速率，吸收氮磷速率，半饱和常数，以及植物体尺寸，叶面积指数，水质影响水生植物、藻类生长与繁殖及吸收营养盐的影响系数。

(2) 太湖水动力水生态模型建立与模型参数率定及模型验证

在获取了浮游植物和水生植物内禀增长率、呼吸速率等关键参数以及与水质定量关系的基础上，建立太湖水动力水生态模型，编写模型代码以及并行算法计算机语言，利用实测资料率定模型参数、验证模型模拟水生态要素精度。

(3) 太湖水质目标制定

根据太湖历史长系列逐日出入湖流量、水位数据，进行频率分析，得到不同保证率下太湖各河道各月出入湖流量情景，以及近 5 年太湖多测点逐月水质监测资料，设计得到未来各月各分区水质情景。利用不同频率的流量情形和水质情景驱动水动力水生态模型，模拟不同出入湖水量和太湖水质情景下的分区水生态演化趋势。建立太湖分区水生态健康评估模型，遴选出太湖 8 个分区逐月不同出入湖流量情景下的最优水质情景，最后太湖各分区总氮、总磷、氨氮及高锰酸盐指数的控制目标，即水质目标。太湖水质目标模型技术流程见附图 1－1。

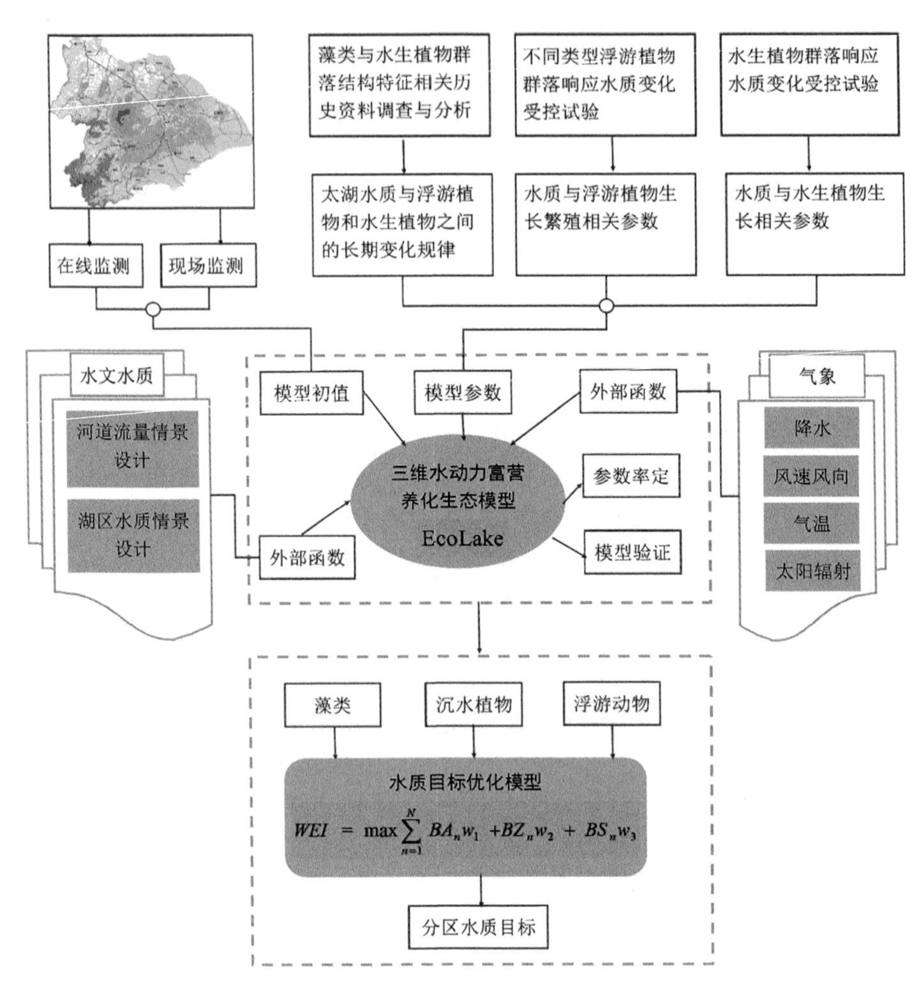

附图 1－1　太湖水质目标模型技术流程

附录 B　太湖水环境容量模型计算方法

太湖分区水环境容量计算主要基于水质分区的空间结构，在各分区水质目标已知情况下，采用三维水动力模型模拟太湖水动力输移过程和营养盐自净过程，计算不同区域的水环境容量。根据沃伦威德尔模型原理，其中一个关键过程是通过模拟不同区域之间的水量交换，确定区域水量交换率，即与水力滞留时间有关的水力参数；在计算出表征各区域之间水量交换的参数以后，利用区域污染物浓度可得出各区域之间的污染物交换量，再基于每个区域的污染负荷（流域来源），即可计算每个区域的污染物自净量，确定自净系数；在得到了水力参数和自净系数后，对于具体的水质目标，即可计算得到分区的水环境容量。

各个分区之间水量交换计算，考虑典型年（例如 2013 年）的正常出入流影响，同时在太湖三维水动力模型中引入水体示踪剂，通过模拟示踪剂随水流的运动过程，计算水力交换率得到。对某一个具体的区域而言，先赋值一个相对较高的示踪剂浓度，其他区域则赋值为 0，入流中同时放置示踪剂，经过规定时间的计算，得到目标区域示踪剂与其他不同区域的交换量，此交换量与目标区域的原始示踪剂总量之间的比值，即该区域的交换系数（即交换率）。

假设示踪剂在区域水体内充分混合，则 i 区与 j 区的交换系数为

$$\alpha_{i,j} = \frac{C_j^1 V_j}{C_i^0 V_i}$$

其中，C^0 为分区时段初污染物的平均浓度，C^1 为分区时段末污染物的平均浓度，V 为分区水体体积。若令 i 区与 j 区之间的水量交换量为$W_{i,j}=\alpha_{i,j}V_i$，由此得

到各分区间的水量交换量与水量交换过程。

除考虑各区域间的交换外，自净率计算还涉及各区域的实际营养盐浓度的变化。在出入流条件不变条件下放置示踪剂，各区域则设置为 0，经过规定时间的模拟，计算出入流示踪剂在各区域上的分配量，作为每个区域的外源总量，再结合其流出量(交换量)和自身的污染物总量，即可计算出自净系数。分区自净系数计算公式：

$$S_i = \frac{T_i}{C_i V_i} - r_i$$

其中，T_i为分区 i 的污染物总量，包含外源输入的污染物及其他分区与 i 区间交换的污染物。由此，分区水环境容量模型的计算公式为

$$R_i = C_i^g (r_i + s_i) V_i$$

其中，R_i表示分区水环境容量，C_i^g表示 f 分区目标水质浓度，r_i为分区冲刷速度常数，s_i为分区自净系数，V_i为分区水体体积。

附录C　太湖环湖河道入湖污染物削减分配模型计算方法

基于GPS定位、拉格朗日水质点运动追踪技术，通过太湖入湖河水与污染物输移扩散混合试验率定的模型参数，研究主要入湖河道水体和污染物在湖面风场以及吞吐流作用下的运动、混合、沉降、降解特征，确定入湖污染物在风生流和吞吐流作用下的降解、弥散、沉降速率，修正完善太湖入湖污染物输移对流扩散衰减模型，揭示不同流量与污染负荷条件下污染物由河道入湖后的输移扩散降解过程和在太湖中滞留与分布特征，确定不同水情条件下各分区中外来污染物来自的河道及其贡献，建立计算太湖主要入湖河道允许入湖通量与河道入湖污染物控制浓度模型。

水动力模型采用三维压缩坐标系（附图3-1），坐标原点位于太湖的西南角初始时刻湖面平均高程点，坐标轴 x 方向指向正东方向，坐标轴 y 方向指向正北方向，湖底 σ 为0，湖面 σ 为1。

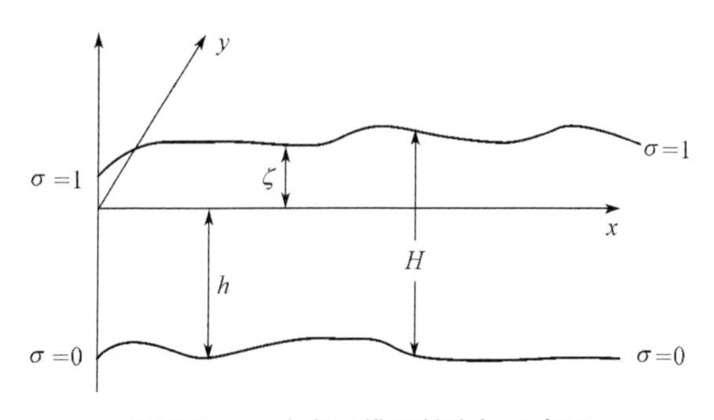

附图3-1　太湖三维压缩坐标示意图

太湖湖水运动控制方程为

$$\frac{\partial(Hu)}{\partial x}+\frac{\partial(Hv)}{\partial y}+\frac{\partial(Hw^*)}{\partial\sigma}+\frac{\partial\zeta}{\partial t}=0 \qquad (附 3-1)$$

$$\frac{\partial u}{\partial t}+u\frac{\partial u}{\partial x}+v\frac{\partial u}{\partial y}+w^*\ \frac{\partial u}{\partial\sigma}-fv$$

$$=-g\frac{\partial\zeta}{\partial x}+A_v\left(\frac{\partial^2 u}{\partial x^2}+\frac{\partial^2 u}{\partial y^2}\right)+\frac{\partial}{\partial\sigma}\left(A_z\frac{\partial u}{\partial\sigma}\right)+\varepsilon_x \qquad (附 3-2)$$

$$\frac{\partial v}{\partial t}+u\frac{\partial v}{\partial x}+v\frac{\partial v}{\partial y}+w^*\ \frac{\partial v}{\partial\sigma}+fu$$

$$=g\frac{\partial\zeta}{\partial y}+A_v\left(\frac{\partial^2 v}{\partial x^2}+\frac{\partial^2 v}{\partial y^2}\right)+\frac{\partial}{\partial\sigma}\left(A_z\frac{\partial v}{\partial\sigma}\right)+\varepsilon_y \qquad (附 3-3)$$

式中：

x:x 轴坐标；

y:y 轴坐标；

t:时间；

f:科氏力参数；

g:重力加速度；

h:水面平衡位置到湖底的距离；

H:湖面到湖底的水深；

u、v:x、y 方向流速；

ζ:水面离开平衡位置的位移；

ε_x、ε_y:x、y 方向控制方程水平扩散项因变换产生的偏差项；

w^*：σ 方向速度，它和垂直方向速度 w 的关系如下：

$$w=H\cdot w^*+\sigma\cdot\left(\frac{\partial\zeta}{\partial t}+u\frac{\partial\zeta}{\partial x}+v\frac{\partial\zeta}{\partial y}\right)-(1-\sigma)\left(u\frac{\partial h}{\partial x}+v\frac{\partial h}{\partial y}\right)$$

(附 3-4)

ε_x表达式为

$$\varepsilon_x=A_h\left\{\frac{2}{H}\frac{\partial^2 u}{\partial x\partial\sigma}\left(\frac{\partial h}{\partial x}-\sigma\frac{\partial H}{\partial x}\right)+\frac{\partial^2 u}{\partial\sigma^2}\frac{1}{H^2}\left(\frac{\partial h}{\partial x}-\sigma\frac{\partial H}{\partial x}\right)^2-2\frac{\partial u}{\partial\sigma}\frac{1}{H^2}\frac{\partial H}{\partial x}\left(\frac{\partial h}{\partial x}\right.\right.$$

$$-\sigma\frac{\partial H}{\partial x}\Big)+\frac{\partial u}{\partial\sigma}\frac{1}{H}\Big(\frac{\partial^2 h}{\partial x^2}-\sigma\frac{\partial^2 H}{\partial x^2}\Big)+\frac{2}{H}\frac{\partial^2 u}{\partial y\partial\sigma}\Big(\frac{\partial h}{\partial y}-\sigma\frac{\partial H}{\partial y}\Big)+\frac{\partial^2 u}{\partial\sigma^2}\frac{1}{H^2}$$

$$\Big(\frac{\partial h}{\partial y}-\sigma\frac{\partial H}{\partial y}\Big)^2-2\frac{\partial u}{\partial\sigma}\frac{1}{H^2}\frac{\partial H}{\partial y}\Big(\frac{\partial h}{\partial y}-\sigma\frac{\partial H}{\partial y}\Big)+\frac{\partial u}{\partial\sigma}\frac{1}{H}\Big(\frac{\partial^2 h}{\partial y^2}-\sigma\frac{\partial^2 H}{\partial y^2}\Big)\Big\}$$

ε_y 表达式与 ε_x 表达式相同，只需把 u 换成 v 即可。

在 σ 坐标系下，上边界条件为

$$\sigma=1:\qquad w^*=0$$

$$\rho\frac{A_v}{H}\Big(\frac{\partial u}{\partial\sigma},\frac{\partial v}{\partial\sigma}\Big)=(\tau_x^s,\tau_y^s)=C_D^S\rho_a\sqrt{u_a^2+v_a^2}(u_a,v_a)$$

$$\sigma=0:\qquad w^*=0$$

$$\frac{A_v}{H}\Big(\frac{\partial u}{\partial\sigma},\frac{\partial v}{\partial\sigma}\Big)=(\tau_x^b,\tau_y^b)=C_D^b\sqrt{u_b^2+v_b^2}(u_b,v_b)$$

u_a、v_a、u_b、v_b 分别为风速、湖底流速 x、y 方向的分量；C_D^s、C_D^b 分别为风、湖底拖曳系数，流速方程的侧边界条件为法向速度为零。

功能区削减模块控制方程为

令每个功能区环境容量 $EC(i)$ 假设有 n 个功能区，m 条河道汇入，设第 j 条河道减去降解后进入第 i 个功能区的污染物量为 C_j^i，其中 $i=1,n$；$j=1,m$。

令
$$SubC(i)=\sum_{j=1}^{m}C_j^i-EC(i)\qquad\text{(附 3-5)}$$

则第 i 个功能区需要削减的 $CS(i)$ 为

$$\begin{cases}SubC(i) & SubC(i)>0\\ 0 & SubC(i)\leqslant 0\end{cases}$$

河道削减模块控制方程为

假设有 n 个功能区，m 条河道汇入，设第 j 条河道减去降解后进入第 i 个功能区的污染物量为 C_j^i，其中 $i=1,n$；$j=1,m$。第 i 个功能区需要削减的量 $ES(i)$，则对应第 i 个功能区，第 j 条河道需要削减的量 $CR_j^iCR_j^i$ 为

$$CR_j^i = CS(i) \cdot \frac{C_j^i}{\sum_{j=1}^{m} C_j^i},$$

最终第 j 条河道实际削减 $CR(j)$ 为

$$CR(j) = \max_{i=1,n} CR_j^i \qquad \text{(附 3-6)}$$

附录 D　太湖流域平原区河网污染物质输移模型计算方法

人类从河流湖泊等水体中取用水资源时会带走一部分污染，同时人类社会产生的部分污染最终进入河流湖泊等水体。为准确评估人类活动对河流水环境的影响，需要准确估算污染物的净排放通量。污染物净排放通量指单位时间河段污染物输入质量与输出质量的代数和。

附图 4－1 描绘了稳态条件下河流污染物的源与汇，由附图 4－1 可知污染物的源有：从河段上游断面输入的污染物通量(Fin)；经支流输入的污染物通量(Bin)；污染物净入河强度(S)。污染物的汇有：从河段下游断面输出的污染物通量(Fout)；经支流输出的污染物通量(Bout)；河段中污染物的综合降解通量(Fde)。

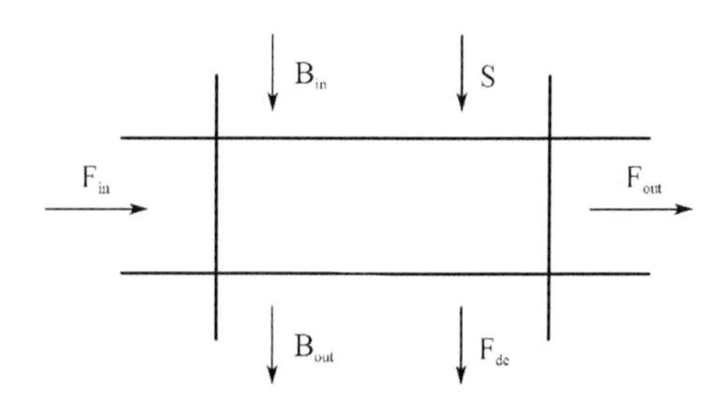

附图 4－1　河段污染物的源和汇

稳态条件下，进入河段的污染物与输出河段的污染物应相等。即

$$Fi_{in} + B_{in} + S = Fi_{out} + B_{out} + F_{de} \qquad (附 4-1)$$

由式(附 4-1)可知,污染物的净排放通量可由式(附 4-2)估算:

$$S = B_{out} + F_{de} + F_{out} - F_{in} - B_{in} \qquad (附 4-2)$$

其中从河段上游断面输入的污染物通量(Fin);经支流输入的污染物通量(Bin);从河段下游断面输出的污染物通量(Fout)以及经支流输出的污染物通量(Bout)均可通过式(附 4-3)求出:

$$T = Q \cdot c \qquad (附 4-3)$$

式中,T 为污染物通量,$g \cdot s^{-1}$;Q 为流量,$m^3 \cdot s^{-1}$;c 为与流量同步监测的水质指标浓度,$mg \cdot L^{-1}$。

河段中污染物的综合降解通量(Fde)可由式(附 4-4)计算:

$$F_{de} = q \cdot c_{上} \cdot (1 - e^{-kt}) \qquad (附 4-4)$$

式中,F_{de} 为河段中污染物的综合降解通量,$g \cdot s^{-1}$;q 为上游断面输入河段的流量,$m^3 \cdot s^{-1}$;c 上为河段上游断面水质监测指标的浓度,$mg \cdot L^{-1}$;k 为污染物的综合降解系数,d^{-1};t 为水团在河段中的停留时间。水团在河段中的停留时间 t 可由式(附 4-5)计算:

$$t = l \cdot b \cdot h / q \qquad (附 4-5)$$

式中,l 为河段长度,m;b 为河段宽度,m;h 为河段水深,m;q 为上游断面输入河段的流量,$m^3 \cdot s^{-1}$。

附录 E　入河污染排放通量追溯模型计算方法

以太湖流域水量模型概化河网为基础，结合流域水质监测网点分布，对其进一步概化如图附 5－1，建立通量追溯模型的概化河网。通量追溯模型河网概化原则包括：

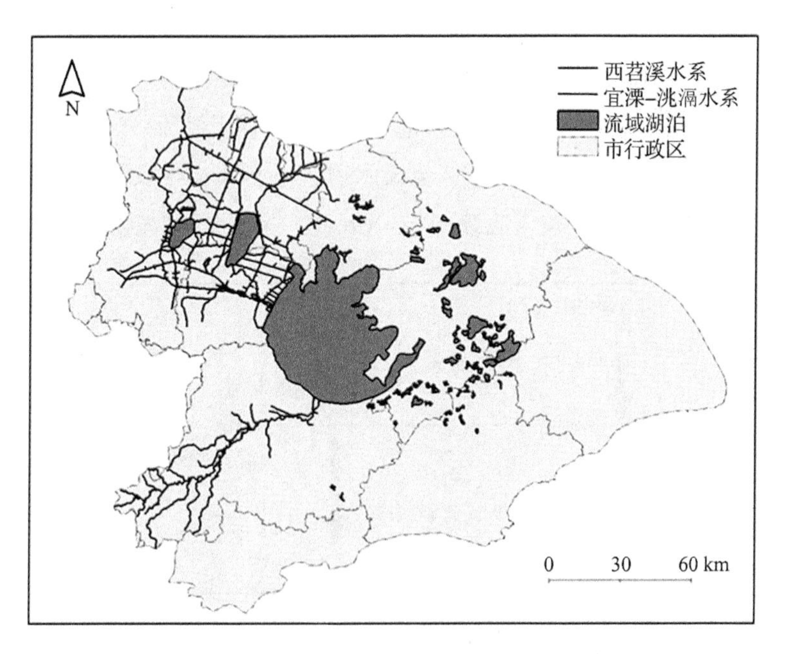

附图 5－1　太湖流域入河污染排放通量追溯模型河网的整体分布示意

(1) 分为西苕溪水系和宜溧一洮滆水系两大部分，分别代表简单的山区树状河网水系和复杂的平原河网水系。

(2) 考虑水流流向与流量大小特征、水质监测网点的分布及未来相关数据的可获得性，划分通量追溯模型的计算河段。

(3) 为保持和水量模型概化基础河网的一致性，通量追溯河网所有计算河段均在太湖流域水量计算概化河网的基础上定义，使之能和流域河网同步更新。

计算河段单元组成如附图 5-2 所示。

质量守恒方程为

Ri=fl_d * wq_d+fl_B2 * wq_B2-fl_u * wq_u-fl_B1 * wq_B1+kd * fl_u * wq_u

即第 i 条河段排放通量：Ri=

下游流量(fl_d) * 下游水质(wq_d) *** 干流下游流出通量 ***

+流出支流流量(fl_B2) * 流出支流水质(wq_B2) *** 支流 B2 流出通量 ***

-上游流量(fl_u) * 上游水质(wq_u) *** 干流上游流入通量 ***

-流入支流流量(fl_B1) * 流入支流水质(wq_B1) *** 支流 B1 流入通量 *** +削减系数(kd) * 流入通量(fl_u * wq_u) *** 河段削减量 ***

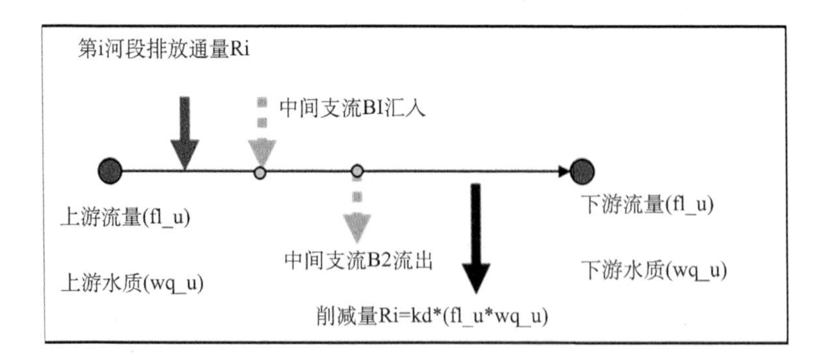

附图 5-2 宜溧一洮滆水系通量追溯计算河段单元组成示意

(注：每条计算河段的上下游流量和水质分别储存计算河段的两个端点的

FLOW_ID 和 WQ_ID 属性上，即红色端点上）

COD 削减系数：

kd =1－exp(－kd_COD×t)

kd_COD=1.05^(T－20)×kd_COD_20

其中 1.05^(T－20)为温度系数，kd_COD_20 为 COD 在 20 度时一级降解常数，单位 d^{-1}，t 为流经河段时间，T 为河段水温。

TP 削减系数：

kd=1－exp(－kd_TP×t)

kd_TP=1.05^(T－20)×kd_TP_20

1.05^(T－20)为温度系数，kd_TP_20 为 TP 在 20 度时的一级降解常数，单位 d^{-1}，t 为流经河段时间，T 为河段水温。

TN 反硝化速率：

kd_TN=1.05 (T－20)×kd_TN_20

1.05^(T－20)为温度系数，kd_TN_20 为 TN 在 20 度时的反硝化速率，单位 $mg/m^2/d$，t 为流经河段时间，T 为河段水温。

计算过程：

从河口河段(Class=C，黄色线段)开始反向向上追溯每条流入交汇节点的主要河段(CLASS=A，红色线段)直到遍历所有有拓扑关系的主要河段。

附录 F　污染通量削减空间分配优化模型计算方法

选取太湖流域集水域为水污染负荷优化分配的目标区域，见附图 6－1。选择宜溧河流域为优化分配模型建模区域，将建立的模型在湖西区北部及西苕溪加以应用。

附图 6－1　水污染负荷优化分配区域

流域水环境容量分配遵循公平和合理两个方面，实现公平和效率的统一是通过水环境容量总量控制实现水环境管理的目标。为了达到充分利用平原河网区水环境容量（河网水环境容量＋太湖水环境容量）的目的，在流域尺度上建立控制单元内河段对入湖口水环境容量利用最大化模型，即各个河段污染物的入湖累加量尽可能地降低到太湖的水环境容量，同时为考虑公平在流域尺度上考虑环境基尼系数最小化模型，以达到流域内部各个控制单元间的公平；在河段尺度上建立对点源和非点源的负荷通量削减量的经济最优模型。

1. 基于溯源的水污染负荷优化分配原则

水污染负荷分配一般遵循公平和效率的原则，才能在较好地协调各个控制单元各自的经济利益，同时保证河湖系统水环境总量控制目标的可实现性。考虑各个区域的差异，差异即各个控制单元水环境质量现状、水资源量、社会经济等方面均有不同，因此在水环境容量优化分配时，需要综合考虑上述因素。

● 经济最优原则

即分配结果应有利于研究区总体经济效益最大化，一般可以从排污获得的经济收益和污染物削减成本两个方面探讨经济效益的最佳途径。

● 考虑公平性原则

公平性原则以各个控制单元的差异性为基础，综合考虑各个区域在环境、经济等方面的差距，有区别地分配水污染物总量，公平原则是基于差异基础上的公平。本书考虑通过环境基尼系数来进行公平性的衡量。

● 促进水环境改善的原则

污染物总量控制的最终目的是实现水环境质量的有效改善，因此促进水环境改善为首要前提。

● 可达性原则

可达性原则是总量控制目标确定的前提基础，因此需要在经济、技术等多方面均可满足要求。需要限定各个控制单元或责任主体的削减任务量，以保证水污染负荷削减能够逐期完成。

依据区域水污染物总量控制目标，构建兼顾经济、效率与公平原则的水污染负荷分配多级多目标优化决策模型。考虑到我国大多数水体都还存在实际排污量大于环境容量的问题，本书拟就这一情况，提出相应的多级多目标水污染物削减负荷分配优化模型。

2. 控制单元间水环境容量优化分配模型目标函数及边界条件

同时考虑分级多目标的公平和效率的污染物通量优化分配原则，提出了从“入湖口—控制单元—河段”的三层次逐层分配体系，见附表6-1。

附表6-1　三层次污染物通量优化分配体系

层级	分配对象	分配主体	依据原则	目标函数
1	入湖口污染负荷	控制单元	效率 公平	Min $f=\sum$ 控制单元负荷输出量×贡献率－宜溧河流域入湖口分配容量 Min G;环境基尼系数最小，考虑的指标：GDP，人口，面积，各单元水环境容量
2	控制单元	点源 非点源	公平	等贡献率分配
3	点源	控制单元内部点源	效率	经济最优目标函数

(1) 第一级分配目标函数与边界条件

第一级优化分配模型主要针对控制单元间的水环境容量优化分配。

① 目标函数一：环境效率利用最大化

目标函数1：$\min F_1=\sum_{i=1}^{n} CZloadi-RLcapicity$（达到水环境容量的充分利用）。

② 目标函数二：用环境基尼系数来衡量各控制单元之间分配的公平性，用人口、GDP、土地面积、水环境容量等指标与污染物排放量之间的比值来表达，比值越小则污染物排放越公平。在控制单元划分、水环境容量核算、污染物来源解析的基础上，选取控制单元的人口、GDP、土地面积、污染负荷入河量和水环境容量为分配依据及指标。

计算公式如下：

$$\text{目标函数 2：}\min G_i=\sum_{j=1}^{4} w_{ij}G_{ij}$$

G表示加权综合基尼系数；i为控制单元编号，j为GDP、人口、土地面积和环境容量4个指标编号；w为对应单项指标的权重，$i=1,2,\cdots m$。

$$G_{ij}=1-\sum_{i=1}^{n}(X_{ij}-X_{(i-1)j})(Y_i+Y_{i-1})$$

i为控制单元编号，j为GDP、人口、土地面积和环境容量4个指标编号；X_{ij}为第i个控制单元环境指标j的累积比例，%；Y_{ij}为第i个控制单元排放或分配污染物的累积比例，%，$j=1,2,\cdots m$。

(2) 第二级分配函数

各个控制单元内的水污染负荷优化分配主要考虑的是各个河段之间水污染负荷贡献量，根据前期核算的各个河段的非点源与点源污染负荷入河量。在水环境容量充分利用的前提下，将非点源污染单独作为一个排放源，与点源污染一起参与环境容量分配，在以控制单元为分配主体的每个控制单元非点源分配得到的环境容量为

$$W_{i,n}=Zone_{i,n}\times W_i/(Zone_{i,n}+Zone_{i,p})$$

式中：$W_{i,n}$是第i个控制单元非点源污染负荷允许排放量；$Zone_{i,n}$为第i个控制单元非点源污染负荷；$Zone_{i,p}$为第i个控制单元点源污染负荷；W_i为第i个控制单元的水环境容量。从削减率上来讲，即同一个控制单元内的点源、非点源削减率与其贡献率一致。根据前期汇总的各个单元污染负荷汇总数据根据季节优化分配结果得到各个控制单元非点源负荷的削减量/率。

(3) 第三级分配目标函数与边界条件

根据点源的分布规律与排放强度，选择溧阳的溧城镇控制单元为例对控制单元内部点源进行优化分配。溧城镇工业点源排放量为579吨，削减量按照上节的分配结果为198.0吨。

公式5-8点源优化分配公式

$$\mathrm{Max}E_i=\sum_{m=1}^{k}P_{im}\times PR_{im}$$

其数学表述如下：

$$Obj.\quad \mathrm{Max}\ E_i=\sum_{m=1}^{k}P_{im}\times PR_{im}$$

$$\text{s.t.} \quad \sum_{m=1}^{k} P_{im} = W_i$$

式中：E_i 为第 i 个控制单元的点源总产值；P_{im} 为第 i 个控制单元内第 m 个点源的污水排放量；PR_{im} 为第 i 个控制单元内第 m 个点源的排污产值系数；根据经济最优化原则，在 MATLAB 中建立经济最优模型对溧城镇的工业点源排放量进行优化。

参考文献

[1] Bin W, NORIO S, Takaaki M, 2001. Use of artificial neural network in the prediction of algal blooms. Water Resour. Res, 35(8): 2022 - 2028.

[2] Burn DH, McBean EA, 1985. Optimization modeling of water quality in an uncertain environment. Water Resources Research, 21(7):934 - 940.

[3] Chang KW, 2004. Predicting algal bloom in the Techi reservoir using Landsat TM data. INT. J. Remote Sensing, 10 September, 25 (17): 3411 - 3422.

[4] Clarissa RA, David AS, Raphael MK, Mark AB, 2009. Empirical models of toxigenic Pseudo-nitzschia blooms: Potential use as a remote detection tool in the Santa Barbara Channel. Harmful Algae, 8: 478 - 492.

[5] Friedrich R, 1997. ANNA-Artificial Neural Network model for predicting species abundance and succession of blue-green algae. Hydrobiologia, 349: 47 - 57.

[6] Gilbert CS, Luia WKL, Kenneth MYL, Joseph HWL, Jayawardena AW, 2007. Modelling algal blooms using vector autoregressive model with exogenous variables and long memory filter. Ecological modeling, 200:130 - 138.

[7] Hu WP, Jorgensen SE, Zhang FB, Chen YG, Hu ZX, Yang LY, 2011. A model on the carbon cycling in Lake Taihu, China. Ecological Modelling, 222: 2973 - 2991.

[8] Hu WP, Jorgensen SE, Zhang FB, 2006. A vertical-compressed three- dimensional ecological model in Lake Taihu, China. Ecological Modelling, 190: 367 - 398.

[9] Hu WP, Zhai, SJ, Zhu ZC, Han HJ, 2008. Impacts of the Yangtze River water transfer on the restoration of Lake Taihu. Ecological engineering, 34:30 - 49.

[10] Hugh W, Friedrich R, 2001. Towards a generic artificial neural network model for dynamic predictions of algal abundance in freshwater lakes. Ecological Modelling, 146: 69 - 84.

[11] Jason B, Friedrich R, 2001a. Inducing explanatory rules for the prediction of algal blooms by genetic algorithms. Environment International, 27: 237 - 242.

[12] Jason B, Friedrich R, 2001b. Knowledge discovery for prediction and explanation of blue-green algal dynamics in lakes by evolutionary algorithms. Ecological Modelling, 146: 253 - 262.

[13] Jeppesen E, et al. , 1990. Fish manipulation as a lake restoration tool inshallow, eutrophic, temperate lakes 2: threshhold levels long-term stability and conclusion. Hydrobiologia, 200/201: 219 - 227.

[14] Jørgensen SE, 1986. Structural dynamic model. Ecol. Model, 31: 1 - 9.

[15] Keller V, 2006. Risk assessment of "down-the-drain" chemicals: search for a suitable model. Science of the Total Environment, 360 (1 - 3):305 - 318.

[16] Ken T, Joseph HWL, Paul JH, 2009. Forecasting of environmental risk maps of coastal algal blooms. Harmful Algae, 8: 407 - 420.

[17] Li YP, Achary K, Yu ZB, 2011. Modeling impacts of Yangtze River water transfer on water ages in Lake Taihu, China. Ecological Engineering, 37: 325 - 334.

[18] Luis OT, Vitor V, 2006. Time Series Forecasting of Cyanobacteria Blooms in the Crestuma Reservoir (Douro River, Portugal) Using Artificial Neural Networks. Environmental Management, 38(2):227 - 237.

[19] May RM, 1977. Thresholds and breakpoints in ecosystems with a multiplicity of stable states. Nature, 269:471 - 477.

[20] Nitin M, Joseph HWL, 2005. Genetic programming for analysis and real-time prediction of coastal algal blooms. Ecological Modelling, 189:363 - 376.

[21] Scheffer M, Carpenter S, Foley JA, Folke C, Walkerk, B. , 2001. Catastrophic shifts in ecosystems. NATURE, Vol. ,(413):591 - 596.

[22] Scheffer, M. , Hosper, S. H. , Meijer, M. L. & Moss, B. , 1993. Alternative equilibria in shallow lakes. Trends Ecol. Evol. , 8:275 - 279.

[23] Scheffer M, Jeppesen E, 1998. Alternative stable states in shallow lakes. In: The Structuring Role of Submerged Macrophytes in Lakes (eds Jeppesen E, Søndergaard Ma, Søndergaard Mo & Christoffersen K.) Ecological Studies, Vol. 131. New York: Springer Verlag, 397 - 407.

[24] Scheffer M, van den BM, Breukelaar A, et al. , 1994. Vegetated areas with clear water in turbid shallow lakes. Aquatic Botany, 49: 193 - 196.

[25] Sivapragasam C, Nitin M, Muthukumar S, Arun V, 2010. Prediction of algal blooms using genetic programming. Marine Pollution Bulletin, 60: 1849 - 1855.

[26] Talib A, Recknagel F, Cao H, Molenb DT, 2008. Forecasting and explanation of algal dynamics in two shallow lakes by recurrent artificial neural network and hybrid evolutionary algorithm. Mathematics and Computers in Simulation, 78:424 - 434.

[27] Van de Koppel J, Rietkerk M, Weissing FJ, 1997. Catastrophic vegetation shifts and soil degradation in terrestrial grazing systems. Trends Ecol. Evol. , 12: 352 - 356.

[28] Vollenweider RA, 1975. Input-output models with special reference to the phosphorus loading concept in limnology. Schweizeriche Zeitchrift fur Hydrologie, 37: 53 - 83.

[29] Zhang JJ, Gurkan Z, Jørgensen SE, 2010. Application of eco-exergy for assessment of ecosystem health and development of structurally dynamic models. Ecol Modelling, 221:693 - 702.

[30] Zhang JJ, Jørgensen SE, Beklioglu M, Ince O, 2003b. Hysteresis in vegetation shift—Lake Mogan prognoses. Ecol. Model., 164: 227 - 238.

[31] Zhang JJ, Jørgensen SE, Tan CO, Beklioglu M, 2003a. A structurally dynamic modeling—Lake Mogan Turkey as a case study. Ecol. Model, 164:103 - 120.

[32] Castronova, A. M., Goodall, J. L., 2010. A generic approach for developing process level hydrologic modeling components. Environmental Modeling & Software, 25: 819 - 825.

[33] CAEP, 2015. Water pollution control action plan. Chinese Academy for Environmental Planning, Beijing. http://www.caep.org.cn/toptypeEN.asp? typeid=42.

[34] Castronova, A. M., Goodall, J. L., Ercan, M. B., 2013. Integrated modeling within a hydrologic information system: an OpenMI based approach. Environmental Modeling & Software, 39: 263 - 273.

[35] Duan, H., Loiselle, S. A., Zhu, L., Feng, L., Zhang, Y., Ma, R, 2015. Distribution and incidence of algal blooms in Lake Taihu. Aquatic Science, 1 - 8 (10.1007/s00027 - 014 - 0367 - 2).

[36] Ge, Y. C., Li, X., Huang, C. L., Nan, Z. T., 2013. A decision support system for irrigation water allocation along the middle reaches of the Heihe River Basin, Northwest China. Environmental Modeling & Software, 47:182 - 192.

[37] Goodall, J. L., Robinson, B. F., Castronova, A. M., 2011.

Modeling water resource systems using a service-oriented computing paradigm. Environmental Modeling & Software, 26: 573 - 582.

[38] Guo, J., Jing, H. W., Li, J. X., Li, L. J., 2012. Surface water quality of beiyun rivers Basin and the analysis of acting factors for the recent ten years. Environmental Science, 33 (5): 1511 - 1518. (in chinese).

[39] ESRI. Geospatial Service-Oriented Architecture (SOA): ESRI white paper [EB/OL]. 2007. http: // www. esri. com/ library/ whitepapers/ pdfs /geospatial-soa. pdf.

[40] Han, T., Zhang, H. J., Hu, W. P., Deng, J. C., Li, Q. Q., Zhu, G., 2015. Research on self-purification capacity of Lake Taihu. Environmental Science and Pollution Research, 22: 8201 - 8215.

[41] Hao, S. N., Li, X. Y., Jiang, Y., 2016. Review of watershed loads allocation model. Environmental Science& Technology, 39(1):1 - 6 (in chinese).

[42] Hao, S. N., Li, X. Y., Jiang, Y., Zhao, H. T., Yang, L., 2016. Trends and variations of pH and hardness in a typical semi-arid river in a monsoon climate region during 1985—2009. Environmental Science and Pollution Research. DOI: 10. 1007/s11356 - 016 - 6981 - x.

[43] Hu, W. P., Qin B. Q., 2002. A three-dimensional numerical simulation on the dynamics in Taihu Lake, China (IV): transportation and diffusion of conservative substance. Hupo Kexue, 14:310 - 316 (in chinese).

[44] Hu, W. P., Jørgensen, S. E., Zhang, F., 2006. A vertical-compressed three dimensional ecological model in Lake Taihu, China. Ecological Modelling, 190:367 - 398.

[45] Hu, W. P., 2016. A review of the models for Lake Taihu and their application in lake environmental management. Ecological Modelling, 319: 9 - 20.

[46] Huang, G. H., Sun, W., Nie, X. H., Qin, X. S., Zhang, X. D.,

2010. Development of a decision-support system for rural eco-environmental management in Yongxin County, Jiangxi Province, China. Environmental modeling & Software, 25: 24－42.

[47] Kim, J., Engel, B. A., Park, Y. S., Theller, L., Chaubey, I., Kong, D. S., Lim, K. J., 2012. Development of web-based load duration curve system for analysis of total maximum daily load and water quality characteristics in a waterbody. Journal of Environmental Management, 97:46－55.

[48] Lai, X., Jiang, J., Liang, Q., Huang, Q., 2013. Large-scale hydrodynamic modeling of the middle Yangtze River Basin with complex river-lake interactions. Journal of Hydrology, 492: 228－243.

[49] Laniak, G. F., Olchin, G., Goodall, J., Voinov, A., Hill, M., Glynn, P., Whelan, G., Geller, G., Quinn, N., Blind, M., Peckham, S., Reaney, S., Gaber, N., Kennedy, R., Hughes, A., 2013. Integrated environmental modeling: A vision and roadmap for the future. Environmental Modeling & Software, 39: 3－23.

[50] Lei, K., Meng, W., Qiao, F., 2013. Study and application of the technology on water quality target management for control unit. Chinese Engineer Science, 15(3): 62－69 (in Chinese).

[51] Li, Q. Q., Hu, W. P., Zhai, Z. H., 2016. Integrative Indicator for Assessing the Alert Levels of Algal Bloom in Lakes: Lake Taihu as a Case Study. Environmental Management, 57:237－250.

[52] Luo, J. H., Li, X. C., Ma, R. H., Li, F., Duan, H. T., Hu, W. P., Qin, B. Q., Huang, W. J., 2016. Applying remote sensing techniques to monitoring seasonal and interannual changes of aquatic vegetation in Taihu Lake, China. Ecological Indicators, 60: 503－513.

[53] Meng, W., Liu, Z. T., Zhang, N., Hu, N. N., 2008. The study on technique of basin water quality target management: Water environmental

criteria, standard and total amount control. Research of Environmental Sciences, 21(1): 1-8 (in Chinese).

[54] Moore, R. V., Tindall, C., 2005. An overview of the open modelling interface and environment (the OpenMI). Environ. Sci. Policy, 8 (3): 279-286.

[55] Quinn, N. W. T., Ortega, R., Rahilly, P. J. A., Royer, C. W., 2010. Use of environmental sensors and sensor networks to develop water and salinity budgets for seasonal wetland real-time water quality management. Environmental Modeling & Software, 25: 1045-1058.

[56] Shan, B. Q., Wang, C., Li, X. Y., Li, W. Z., Zhang, H., 2015. Method for river pollution control plan based on water quality target management and the case study. Acta Scientiae Circumstantiae, 35(8):2314-2323 (in Chinese).

[57] Tanentzap, A. J., Hamilton, D. P., Yan, N. D., 2007. Calibrating the dynamic reservoir simulation model (DYRESM) and filling required data gaps for one-dimensional thermal profile predictions in a boreal lake. Limnology and Oceanography-Methods, 5:484-494.

[58] USEPA, 2002. Utah Department of Environmental Quality Division of water quality TMDL section beaver River watershed. Office of Wetlands, Oceans and Watersheds, U. S. Environmental Protection Agency, Washington. D. C.

[59] USEPA, 2008. Handbook for Developing Watershed TMDLs. Office of Wetlands, Oceans and Watersheds, U. S. Environmental Protection Agency, Washington. D. C.

[60] US EPA, 2015. BASINS 4. 1 (Better Assessment Science Integrating point & Non-point Sources) Modeling Framework. National Exposure Research Laboratory, RTP, North Carolina. https://www. epa. gov/exposure-assessment-models/basins. Accessed day month year.

[61] Wang, D. H., Li, X. X., Feng, S. J., Meng, Y., He, Y. S., Wang, Y. G., 2014. Water quality target management technology-A case study of TMDL implementation of Beaver River Basin Planning. Journal of Earth Environment, 5(4): 282 - 286 (in Chinese).

[62] Wang, T. S., 2002. Water resources protection and watershed management of Rhine. Water Resources Protection, 4: 60 - 62.

[63] Whelan, G., Tenney, N. A., Pelton, M. A., Coleman, A. M., Ward, D. L., Droppo Jr., J. G., Meyer, P. D., Dorow, K. E., Taira, R. Y., 2009. Techniques to Access Databases and Integrate Data. PNNL-18244. Pacific Northwest National Laboratory, Richland, WA.

[64] Whelan, G., Kim, K., Pelton, M. A., Castleton, K. J., Laniak, G. F., Wolfe, K., Parmar, R., Babendreier, J., Galvin., M., 2014. Design of a component-based integrated environmental modeling framework. Environmental Modeling & Software, 55: 1 - 24.

[65] Wu, T. F., Qin, B. Q., Zhu, G. W., Luo, L. C, Ding, Y., Bian, G., 2013. Dynamics of cyanobacterial bloom formation during short-term hydrodynamic fluctuation in a large shallow, eutrophic, and wind-exposed Lake Taihu, China. Environmental Science and Pollution Research, 20:8546 - 8556.

[66] Zhang, H. J., Hu, W. P., Gu, K., Li, Q. Q., Zheng, D. L., Zhai, S. H., 2013. An improved ecolog-ical model and software for short-term algal bloom forecasting. Environmental Modeling & Software, 48: 152 - 162.

[67] Zhang, S., Xia, Z., Wang, T., 2013. A real-time interactive simulation framework for watershed decision making using numerical models and virtual environment. Journal of Hydrology, 493: 95 - 104.

[68] Zhang, S. H., Li, Y. Q., Zhang, T. X., Peng, Y., 2015. An integrated environmental decision support system for water pollution control

based on TMDL- A case study in the Beiyun River watershed. Journal of Environmental Management., 156: 31-40.

[69] Sun, Sh. C., Huang, Y. P, 1993. Lake Taihu. Chinese Ocean Press, Beijing, pp. 1-19.

[70] Kong, F. X., Ma, R. H., Gao, J. F., Wu, X., 2009. The theory and practice of prevention, forecast and warning on cyanobacteria bloom in Lake Taihu. Lake Science., 21 (3): 314-328 (in Chinese).

[71] eu J, Capilla J, Sanchís E, 1996. AQUATOOL, a generalized decision-support system for water-resources planning and operational management. Journal of hydrology, 177(3): 269-291.

[72] Arnold J, Srinivasan R, MuttiahR S, et al., 1998. Large area hydrologic modeling and assessment part I: model development. Journal of the American water resources association, 34(1):73-89.

[73] Spruill C, Workman S, Taraba J, 2000. Simulation of daily and monthly stream discharge from small watersheds using the SWAT model. Transaction of the ASAE, 43(6):1431-1439.

[74] Lahlou M, Shoemaker L, Choudhury S, et al., 1998. Environmental Protection Agency, Standards and Applied Science Div., Washington, DC (United States).

[75] Wang X, 2001. Integrating water-quality management and land-use planning in a watershed context. Journal of environmental management, 61 (1): 25-36.

[76] Barlow P M, DeSimone L A, Moench A. F., 2000. Aquifer response to stream-stage and recharge variations. II. Convolution method and applications. Journal of Hydrology, 230(3-4): 211-229.

[77] David P, Darren S, 2000. Towards integrating GIS and catchment models. Journal of Hydrology, 318(1-4): 184-199.

[78] Kashiyama K, Ito H, Behr M, Tezduyar T, 1999. Three-step

explicit finite element computation of shallow water flows on a massively parallel computer. International Journal for Numerical Methods in Fluids, 21: 885 - 900.

[79] Kashiyama K, Saito K, Yoshikawa S, 1996. Massively parallel finite element method for large scale computation of storm surge. Computational Mechanics Publications, Southampton (UK).

[80] Kashiyama K, Saitoh K, Behr M, Tezduyar T E, 1997. Parallel finite element methods for large-scale computation of storm surges and tidal flows. International journal for numerical methods in fluids, 24: 1371 - 1389.

[81] Howington S, Berger R, Hallberg J, Peters J, Stagg A, Jenkins E, Kelley C, 1999. A model to simulate the interaction between groundwater and surface water. Environmental Health and Safety, 13:154 - 163.

[82] Cecchi M M, Pirozzi M, 2002. A Parallel Shallow Water Finite Element Solver for the Venice Lagoon. International Journal of Computational Fluid Dynamics, 16: 93 - 99.

[83] Chen Z M, Rieardo H N, Sehmidt A, 2000. A characteristic Galerkin method with adaptive error control for the continuous casting problem. Computer Methods in Applied Mechanics and Engineering, 189:249 - 276.

[84] Ludwig K, Speiser B, 2007. An object-oriented problem solving environment for electrochemistry Part5: A differential-algebraic approach to the error control of adaptive algorithms. Journal of Electroanalytical Chemistry, 608: 91 - 101.

[85] Kim K, Ventura S J, Harris P M, Thum P G, Prey J, 1993. Urban Non-point-source Pollution Assessment Using a Geographical Information System. Journal of Environmental Management, 39(3): 157 - 170.

[86] Nakanishi J, Schaal S, 2004. Feedback error learning and nonlinear adaptive control. Neural Network, 17(10):1453 - 1465.

[87] Nozaki A, McGrail B P, Fayer M J, Saripalli K P, 2001. A Coupled mechanical-chemical stability analysis for a low activity waste disposal facility at the Hanford site. Computers & Structures, 79(16): 1503 - 1516.

[88] Potter W D, Liu S, Deng X, Rauscher H M, 2000. Using DCOM to support interoperability in forest ecosystem management decision support systems. Computers and Electronics in Agriculture, 27(1 - 3):335 - 354.

[89] Ruan X G, Ding M X, Gong D X et al, 2007. On-line adaptive control for inverted pendulum balancing based on feedback-error-leaming. Neurocomputing, 70: 770 - 776.

[90] 白晓华,胡维平,2006. 太湖水深变化对氮磷浓度和叶绿素 a 浓度的影响. 水科学进展,17(5):727 - 732.

[91] 陈永根,刘伟龙,韩红娟,胡维平,2007. 太湖水体叶绿素 a 与氮磷浓度的关系,生态学杂志,26:2062 - 2068.

[92] 黄真理,李玉粱,李锦秀,等,2004. 三峡水库水环境容量计算. 水利学报,(3):7 - 14.

[93] 刘文祥,李喜俊,郭海燕,1999. 新疆博斯腾湖水环境容量研究. 环境科学研究,12(1):35 - 38.

[94] 逢勇,李一平,罗潋葱,2005. 水动力条件下太湖透明度模拟研究. 中国科学 D 辑地球科学,35(增刊Ⅱ):145 - 156.

[95] 胡必彬,陈蕊,刘新会,杨志峰,2004. 欧盟水环境标准体系研究. 环境污染与防治,26(6):468 - 471.

[96] 胡维平,1992. 平原水网地区湖泊的水环境容量及允许负荷量. 海洋湖沼通报,1:37 - 45.

[97] 胡维平,秦伯强,濮培民,1998a. 太湖水动力学三维数值试验研究—1. 风生流和风涌增减水的三维数值模拟. 湖泊科学,10(4):17 - 25.

[98] 胡维平,秦伯强,濮培民,1998b. 太湖水动力学三维数值试验研究—2. 典型风场风生流的数值计算. 湖泊科学,10(4):26 - 34.

[99] 胡维平,秦伯强,濮培民,2000. 太湖水动力三维数值试验研究—3. 马

山围垦对太湖风生流的影响. 湖泊科学,12:335-342.

[100] 胡维平,秦伯强,濮培民,2002. 太湖水动力三维数值试验研究—4. 保守物质输移扩散. 湖泊科学,14:310-316.

[101] 江春波,安晓谧,张庆海,2002. 二维浅水流动的有限元并行数值模拟. 水利学报,5:65-68.

[102] 姜加虎,黄群,1997. 东太湖风生流套网格模式模拟. 海洋与湖沼,28(4):426-432.

[103] 焦春萌. 太湖水动力学和悬移质输移的三维模型. 南京:中科院地理与湖泊研究所硕士学位论文,1988.

[104] 李一平,逄勇,张志毅等,2004. 太湖梅梁湾、贡湖套网格风生流数值模拟. 水资源保护,2:19-21.

[105] 李一平,逄勇,罗潋葱,2009. 波流作用下太湖水体悬浮物输运实验及模拟. 水科学进展,20(5):701-706.

[106] 梁瑞驹,仲金华,1994. 太湖风生流的三维数值模拟. 湖泊科学,6(4):289-297.

[107] 刘启峻,1993. 太湖梅梁湾风生流的数值模拟. 南京:中科院地理与湖泊研究所硕士学位论文.

[108] 罗潋葱,秦伯强,2003. 基于三维浅水模式的太湖水动力数值试验—盛行风作用下的太湖流场特征. 水动力学研究与进展 A 辑,18(6):686-691.

[109] 马生伟,蔡启铭,1998. 太湖风生流及其对总磷分布影响的数值研究,太湖环境生态研究,气象出版社:30-41.

[110] 马生伟,蔡启铭,2000. 浅水湖泊风生流的迎风有限元数值模型研究. 水科学进展,11(1):70-75.

[111] 逄勇,韩涛,李一平等,2007. 太湖底泥营养要素动态释放模拟和模型计算. 环境科学,28(9):1961-1964.

[112] 逄勇,淮培民,1996. 太湖风生流三维数值模拟试验. 地理学报,51(4):322-328.

[113] 逄勇,庄巍,韩涛等,2008. 风浪扰动下的太湖悬浮物实验与模拟. 环

境科学. 29(10):2743 - 2748.

[114] 逄勇,濮培民,高光,等,1994. 非均匀风场作用下太湖风成流风涌水的数值模拟及验证. 海洋湖沼通报,4:9 - 15.

[115] 逄勇,陆桂华,等,2010. 水环境容量计算理论及应用. 北京:科学出版社.

[116] 阮景荣,蔡庆华,刘建康,1988. 武汉东湖的磷—浮游植物动态模型. 水生生物学报,12(4):289 - 307.

[117] 宋志尧,李瑞杰,薛鸿超,2003. 太湖台风风暴流准三维数值模拟的应用. 海洋湖沼通报,(1):7 - 12.

[118] 宿俊英,刘树坤,何少苓,等,1992. 太湖水环境容量的研究. 水利学报,11:22 - 36.

[119] 孙卫红,逄勇,姚琪,2003. 三维水动力学方程模拟太湖风生流. 水资源保护,19(3):27 - 30.

[120] 汤露露,王鹏,姚琪,2011. 太湖湖流、波浪、沉积物的三维数值模拟. 水资源保护,27(2):1 - 12.

[121] 王谦谦,1987. 太湖风生流的数值模拟. 河海大学学报,15(增刊 2):11 - 18.

[122] 王谦谦,姜加虎,濮培民,1992. 太湖和大浦河口风成流、风涌水的数值模拟及其单站验证. 湖泊科学,4(4):1 - 7.

[123] 许旭峰,刘青泉,2009. 太湖风生流特征的数值模拟研究. 水动力学研究与进展 A 辑,24(4):512 - 518.

[124] 张发兵,胡维平,秦伯强,2004. 湖底地形对风生流影响的数值研究. 水利学报,12:34 - 38.

[125] 张永良,刘培哲,1991. 水环境容量综合手册. 北京:清华大学出版社.

[126] 周杰,周锋,江兴南等,2010. 太湖风生环流及黏性泥沙输运的三维数值模拟. 河海大学学报(自然科学版),38(5):489 - 494.

[127] 朱永春,蔡启铭,1997. 风场对藻类在太湖中迁移影响的动力学研

究，湖泊科学，9(2)：152-157.

[128] 朱永春，蔡启铭，1998. 太湖梅梁湾三维水动力学的研究—Ⅰ. 模型的建立及结果分析. 海洋与湖沼，29(1)：79-85.

[129] 何春银，2009. 江苏省太湖流域水环境信息共享平台集成关键技术及其应用. 环境监测管理与技术，21(6)：58-61.

[130] 于敏，2008. 松花江流域水环境管理系统. 上海：同济大学.

[131] 刘婷婷，2008. 基于 GIS 的流域水环境管理决策信息系统研究——以云南省松华坝流域为例. 北京：北京林业大学.

[132] 耿庆斋，2004. 基于 GIS 的水质模型集成研究及水环境信息管理系统开发. 南京：河海大学.

[133] 庄巍，逄勇，吕俊，2007. 河流二维水质模型与地理信息系统的集成研究. 水利学报，增刊：552-558.

[134] 唐迎洲，阮晓红，王文远，2006. WASP5 水质模型在平原河网区的应用. 水资源保护，22(6)：43-50.

[135] 孙启宏，乔琦，孔益民，徐贞元，段宁，1997. 利用动态分段技术进行河流一维水质扩散模拟. 环境科学研究，10(5)：43-46.

[136] 左一鸣，崔广柏，丁贤荣，顾令宇，王岗，2006. 基于 COM 技术的水环境信息系统研发. 长江科学院院报，23(1)：24-34.

[137] 郭丕斌，韩文秀，陈红，陈建斌，2006. 基于 WEB 的河流水污染物总量控制决策支持系统. 系统工程，22(11)：99-101.

[138] 江春波，安晓谧，张庆海，2002. 二维浅水流动的有限元并行数值模拟. 水利学报，5：65-68.

[139] 余欣，杨明，王敏，姜恺，袁俊，2005. 基于 MPI 的黄河下游二维水沙数学模型并行计算研究. 人民黄河，27：49-53.

[140] 程文辉，王船海，朱琰等，2006. 太湖流域模型[M]. 南京：河海大学出版社.

[141] 崔占峰，张小峰，2006. 分蓄洪区洪水演进的并行计算方法研究. 武汉大学学报，38：24-29.

[142] 王建军,张明进,2009. 河道二维水沙数学模型并行计算技术研究. 水道港口,3(30):222-225.

[143] 宋刚,蒋孟奇,张云泉,李玉成,2008. 有限元单元计算子程序的OpenMP 并行化. 计算机工程,34:80-84.

[144] 左一鸣,崔广柏,2009. 二维水动力模型的并行计算研究. 水科学进展,19:846-850.

[145] 滕宇,段广仁,2007. 矩阵二阶系统误差反馈调节问题的解. 哈尔滨工业大学学报,39(5):691-695.

[146] 李一平,逄勇,罗潋葱,2009. 波流作用下太湖水体悬浮物输运实验及模拟. 水科学进展,20(5):701-706.

[147] 邵诚,顾兴源,1994. 一种带有模型误差反馈的鲁棒自校正控制器. 控制理论与应用,11(5):604-610.

[148] 孙克辉,张泰山,2005. 超混沌系统的多变量驱动误差反馈控制同步方法. 中南大学学报(自然科学版),36(4):653-657.

[149] 张楠,2009. 基于不确定性的流域 TMDL 及其安全余量研究. 北京:北京师范大学.

[150] 柯强,赵静,王少平等,2009. 最大日负荷总量(TMDL)技术在农业面源污染控制与管理中的应用与发展趋势. 生态与农村环境学报,25(1):8591.